W0252073

StudyHelp

StudyHelp

Mathematik Lernheft 8. Klasse

inklusive Lernvideos, Aufgaben und Lösungen

StudyHelp GmbH, Paderborn
WWW.STUDYHELP.DE

1. Auflage

Autor: Stefan Abrams

Redaktion & Satz: Carlo Oberkönig
Kontakt: verlag@studyhelp.de
Umschlaggestaltung, Illustration: StudyHelp GmbH

ISBN 978-3-947-**50610**-1

Inhalt

1 Zahlen und Größen

1.1 Bruchrechnung

Bruchrechnung ist für viele Schüler ein großes Problem. Aber keine Sorge: Wir werden dir dieses Thema von Grund auf erklären. Sobald du die ersten Kniffe verstanden hast, wird dir das Thema nicht mehr schwerfallen.

Fangen wir ganz vorne an: Was ist ein Bruch? Ein Bruch besteht immer aus einem Zähler (überm Bruchstrich) und einem Nenner (unterm Bruchstrich). **Beispiel**:

$$\frac{3}{4}\ \frac{(\text{Zähler})}{(\text{Nenner})}$$

Einstieg

Der Nenner (unten, im Beispiel die 4) gibt an, in wie viele gleich große Teile ein Ganzes zerlegt wird. Das können wir gut an einem Kuchen verbildlichen. Wenn wir uns das untere Bild anschauen, sehen wir zu Beginn einen ganzen Kuchen, der nicht angeschnitten ist. Anschließend wird der Kuchen in 4 Stücke aufgeteilt, sodass 4 gleich große Stücke entstehen. Wenn wir nun einen großen Appetit haben und 3 von diesen 4 Stücken essen, dann nehmen wir $\frac{3}{4}$ des gesamten Kuchens. Warum? Weil der Zähler (oben, im Beispiel die 3) angibt, wie viele Teile vom Ganzen genommen werden.

> **Nenner**: Anzahl, in die ein Ganzes zerlegt wird
>
> **Zähler**: Anzahl, die wir von der Gesamtzahl nehme n

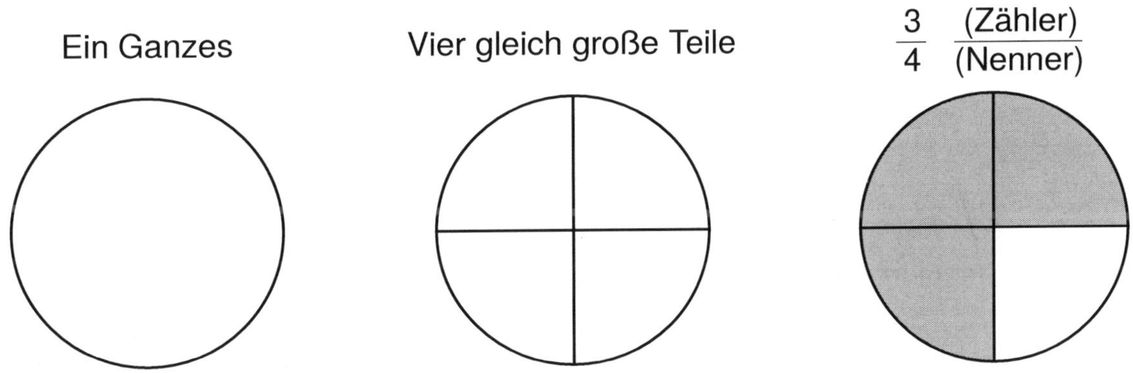

Im nächsten Schritt werden wir mit den Brüchen rechnen. Keine Angst, das hört sich schlimmer an als es wirklich ist.

Beim Rechnen mit Brüchen gelten die folgenden Regeln:

Addieren, erweitern und kürzen

- **Erweitern**: Ein Bruch wird erweitert, indem sowohl der Zähler als auch der Nenner mit der gleichen Zahl multipliziert wird. Die Zahl über dem Pfeil gibt an, dass der Bruch mit 2 erweitert wird:

$$\frac{3}{7} \xrightarrow{2} \frac{3 \cdot 2}{7 \cdot 2} = \frac{6}{14}$$

  Beim Erweitern verändert sich die „Wirkung“ des Bruches nicht, damit wird gemeint, dass am Ende genauso viel Kuchen weggenommen wird, wie zuvor. Schauen wir uns wieder den Kuchen an:

$$\frac{3}{4} \quad \frac{\text{(Zähler)}}{\text{(Nenner)}} \qquad\qquad \frac{3}{4} \xrightarrow{2} \frac{3 \cdot 2}{4 \cdot 2} = \frac{6}{8}$$

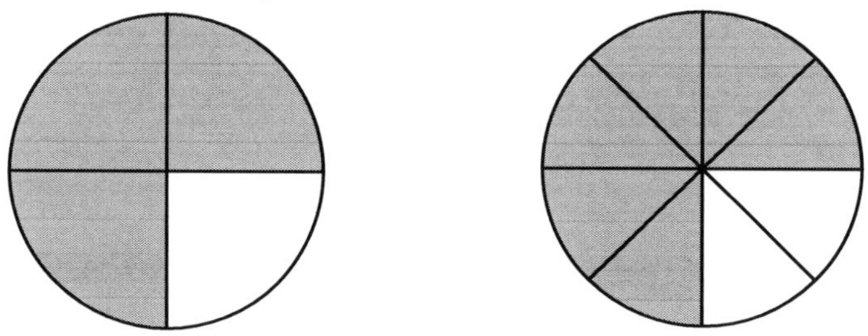

  Beim linken Kuchen ist die graue Fläche genauso groß wie beim rechten Kuchen, nur die Einteilung ist feiner.

- **Kürzen**: Ein Bruch wird gekürzt, indem sowohl der Zähler als auch der Nenner durch die gleiche Zahl geteilt wird. Die Zahl unter dem Pfeil gibt an, dass der Bruch mit 9 gekürzt wird:

$$\frac{9}{27} \xrightarrow[9]{} \frac{9 : 9}{27 : 9} = \frac{1}{3}$$

  Kürzen ist somit das Gegenteil zum Erweitern. Wir kürzen Brüche, weil mit kleinen Zahlen besser gerechnet werden kann.

Unechte Brüche

- **Gemischte Zahl** $\leftrightarrow$ **Unechter Bruch**: Eine gemischte Zahl (ganze Zahl und Bruch z.B. $2\frac{1}{4}$) kann nach dem folgenden Schema in einen unechten Bruch (Zähler $>$ Nenner) umgewandelt werden:

$$2\frac{1}{4} = 2 \cdot \frac{1}{4} + \frac{1}{4} = \frac{2 \cdot 4 + 1}{4} = \frac{9}{4}$$

  Bei unechten Brüchen ist der Zähler (oben) größer als der Nenner (unten). Das führt dazu, dass wir keinen richtigen Bruch haben, denn ein Bruch beschreibt ja eigentlich nur einen Teil vom Ganzen. Wenn das „Ganze“ zum

Beispiel vier Kuchenstücke sind und wir aber 9 Kuchenstücke besitzen, dann haben wir insgesamt 2 ganze und zusätzlich noch 1/4 Kuchen.

- **Addition**: Zwei Brüche werden addiert, indem die Nenner *gleichnamig* gemacht und anschließend die beiden Zähler addiert werden. Für das Angleichen der Nenner benötigen wir wieder die Brucherweiterung, denn der Wert des Bruches darf nicht verändert werden. Zuerst finden wir das kleinste gemeinsame Vielfache (kurz: *kgV*) der beiden Nenner heraus, in unserem Fall ist das 35. Anschließend erweitern wir die Brüche mit dem jeweiligen Faktor: Bei 7 ist das die 5, denn $7 \cdot 5 = 35$ und bei 5 ist das die 7. Nachdem die Brüche angeglichen sind, können die Zähler miteinander addiert werden.

$$\frac{3}{7} + \frac{4}{5} = \frac{3 \cdot 5}{7 \cdot 5} + \frac{4 \cdot 7}{5 \cdot 7} = \frac{15}{35} + \frac{28}{35} = \frac{15 + 28}{35} = \frac{43}{35}$$

- **Subtraktion**: Zwei Brüche werden subtrahiert, indem die Nenner gleichnamig gemacht und anschließend die beiden Zähler voneinander subtrahiert werden. Die Herangehensweise ist bei der Subtraktion genau wie bei der Addition (Stichwort *kgV*). Lediglich der letzte Schritt unterscheidet sich!

$$\frac{4}{5} - \frac{3}{7} = \frac{4 \cdot 7}{5 \cdot 7} - \frac{3 \cdot 5}{7 \cdot 5} = \frac{28}{35} - \frac{15}{35} = \frac{28 - 15}{35} = \frac{13}{35}$$

- **Multiplikation**: Zwei Brüche werden multipliziert, indem wir den Zähler mit dem Zähler und den Nenner mit dem Nenner multiplizieren (kurz: *Zähler mal Zähler und Nenner mal Nenner*). Beim der Multiplikation müssen wir die Brüche **nicht** gleichnamig machen.

Multiplizieren und dividieren

$$\frac{1}{2} \cdot \frac{3}{4} = \frac{1 \cdot 3}{2 \cdot 4} = \frac{3}{8}$$

Falls möglich, sollten die Brüche vor der Multiplikation über Kreuz gekürzt werden, wie im folgenden Beispiel zu sehen. Wir können die 27 mit der 3 kürzen, denn beide Zahlen sind ein Vielfaches der Zahl 3 ($3 \cdot 1 = 3$ und $3 \cdot 9 = 27$). Das gleiche gilt für die 7 mit der 14. Warum machen wir das? Damit wir nicht so große Zahlen multiplizieren müssen.

$$\frac{3}{7} \cdot \frac{14}{27} = \frac{\cancel{3}\,1}{7} \cdot \frac{14}{\cancel{27}\,9} = \frac{1}{\cancel{7}\,1} \cdot \frac{\cancel{14}\,2}{9} == \frac{1 \cdot 2}{1 \cdot 9} = \frac{2}{9}$$

- **Division**: Zwei Brüche werden dividiert, indem bei dem Bruch, durch den geteilt wird, Zähler und Nenner vertauscht wird (Kehrwert bilden) und danach die beiden Brüche miteinander multipliziert werden. Auch hierbei können wir, nachdem der Kehrwert gebildet wurde, kürzen:

$$\frac{3}{7} : \frac{27}{14} = \frac{3}{7} \cdot \frac{14}{27} = \frac{\cancel{3}\,1}{\cancel{7}\,1} \cdot \frac{\cancel{14}\,2}{\cancel{27}\,9} = \frac{1 \cdot 2}{1 \cdot 9} = \frac{2}{9}$$

1.2 Dezimalzahlen und Brüche umwandeln

Dezimalzahlen werden auch Kommazahlen genannt. Wir können fast jede Zahl als Bruch und als Dezimalzahl darstellen, dafür müssen wir nur ein paar Schritte bei der Umrechnung beachten.

> Wenn wir eine Dezimalzahl in einen Bruch umwandeln, entspricht die Anzahl der Nachkommastellen der Anzahl der Nullen im Nenner und die Zahl wird ohne Komma in den Zähler gesetzt.

Dezimalzahl in Bruch

Zum Beispiel besitzt die Dezimalzahl 0,3 nur eine Nachkommastelle. Beim Erstellen des Bruches kommt demnach eine Null in den Nenner und die Zahl ohne Komma kommt in den Zähler! **Beispiele**:

- $0{,}3 = \frac{3}{10}$, 3 im Zähler und die Zahl im Nenner ist eine 1 mit einer Null.
- $0{,}425 = \frac{425}{1000}$, 3 Nachkommastellen: Im Nenner steht eine 1 mit drei Nullen.
- $0{,}0813 = \frac{813}{10000}$, 4 Nachkommastellen: Im Nenner steht eine 1 mit vier Nullen.

Bruch in Dezimalzahl

Beim Umwandeln eines Bruchs in eine Dezimalzahl können wir die Zahl direkt umwandeln, wenn eine 10, 100 usw. im Nenner steht. Wenn eine andere Zahl im Nenner steht müssen wir erst erweitern. **Beispiele**:

- $\frac{4}{10} = 0{,}4$: Eine 10 steht im Nenner und die 4 wird zur Dezimalzahl mit einer Nachkommastelle.
- $\frac{23}{1000} = 0{,}023$: Eine 1000 steht im Nenner, wodurch eine Dezimalzahl mit 3 Nachkommastellen entsteht.
- $\frac{4}{25} = \frac{16}{100} = 0{,}16$: Keine Zehnerzahl im Nenner, daher wird auf 100 erweitert. 100 hat 2 Nullen, wodurch eine Zahl mit 2 Nachkommastellen entsteht.

1.3 Größen umrechnen

Einheiten umrechnen

Wenn wir Möbel oder Häuser bauen oder wenn wir wissen wollen, wie groß wir sind, benutzen wir die Einheiten Meter (m) und Zentimeter (cm). Wir können diese auch ineinander umrechnen, doch komischerweise passieren dabei immer Fehler. Mit ein paar Tipps kannst du dir ganz einfach merken, wie du die Größen ineinander umrechnest.

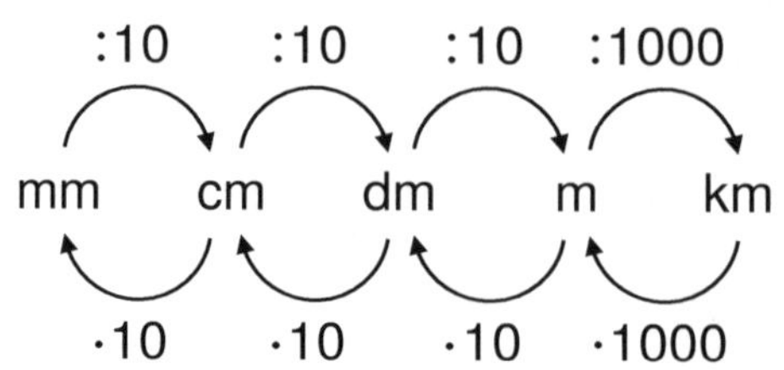

Beim Umrechnen der Einheiten ist es wichtig, dass du die Reihenfolge der Einheiten der Größe nach auswendig kennst. Warum ist das wichtig? Wir sollten auf jeden Fall wissen, dass z.B. Meter (m) größer sind als Zentimeter (cm).

Wenn du die Reihenfolge kennst, dann kannst du dir merken:

> Wenn du von einer kleineren Einheit in eine größere Einheit rechnest, dann wird aus der großen Zahl eine kleinere Zahl. Wenn du eine größere Einheit in eine kleinere Einheit umwandelst, wird aus einer kleinen Zahl eine größere Zahl.

Beispiele: 25 mm = 2,5 cm, 10 km = 10.000 m

Wir rechnen aus einer kleineren Einheit (mm) in eine größere Einheit (cm) um, so dass die große Zahl (25) zu einer kleineren Zahl (2,5) wird. Der Umrechnungsfaktor beträgt 10.

1.4 Aufgaben

A.1.1. Erweitere mit 5.

a) $\frac{2}{3}$ b) $\frac{1}{5}$ c) $\frac{4}{2}$ d) $\frac{7}{8}$

A.1.2. Kürze mit 4.

a) $\frac{4}{16}$ b) $\frac{24}{36}$ c) $\frac{8}{52}$ d) $\frac{12}{32}$

A.1.3. Kürze soweit wie möglich.

a) $\frac{6}{21}$ b) $\frac{12}{24}$ c) $\frac{30}{25}$ d) $\frac{14}{56}$

A.1.4. Rechne in eine gemischte Zahl um.

a) $\frac{5}{3}$ b) $\frac{11}{5}$ c) $\frac{4}{2}$ d) $\frac{24}{7}$

A.1.5. Wandle in einen echten Bruch um.

a) $2\frac{1}{2}$ b) $3\frac{1}{5}$ c) $4\frac{2}{5}$ d) $5\frac{1}{8}$

A.1.6. Wandle in eine Dezimalzahl (erweitere zuerst auf einen 10 oder 100).

a) $\frac{2}{10}$ b) $\frac{1}{5}$ c) $\frac{1}{2}$ d) $\frac{7}{25}$

A.1.7. Berechne die folgenden Brüche.

a) $\frac{2}{3} + \frac{3}{6}$
e) $\frac{5}{6} - \frac{1}{3}$
i) $\frac{2}{3} \cdot \frac{3}{6}$
m) $\frac{2}{3} : \frac{3}{6}$

b) $\frac{1}{5} + \frac{2}{4}$
f) $\frac{4}{5} - \frac{2}{4}$
j) $\frac{1}{5} \cdot \frac{2}{6}$
n) $\frac{1}{5} : \frac{3}{7}$

c) $\frac{1}{2} + \frac{4}{6}$
g) $\frac{1}{2} - \frac{2}{8}$
k) $\frac{1}{2} \cdot \frac{4}{2}$
o) $\frac{1}{2} : \frac{5}{2}$

d) $\frac{7}{8} + \frac{5}{12}$
h) $\frac{7}{8} - \frac{5}{10}$
l) $\frac{2}{9} \cdot \frac{3}{12}$
p) $\frac{2}{9} : \frac{5}{18}$

A.1.8. Rechne in die vorgegebenen Größen um.

a) 5 cm = ________ m
b) 22 mm = ________ m
c) 25 cm^2 = ________ m^2
d) 3.100 m^3 = ________ km^3
e) 0,06 l = ________ ml
f) 80 kg = ________ g

2 Prozent- und Zinsrechnung

Was ist ein Anteil?

Nehmen wir mal an, dass in deiner Klasse insgesamt 25 Schüler sind, von denen die meisten 13 Jahre alt sind. Zwei deiner Mitschüler sind erst 12 Jahre alt und einer ist sogar schon 14. Wie können wir nun den Anteil an Schülern bestimmen, die nicht 13 Jahre alt sind? Dafür können wir eine Bruchzahl verwenden. Die gesamte Anzahl an Schülern steht im Nenner und die Anzahl der Schüler, die nicht 13 sind, steht im Zähler. Das sieht dann folgendermaßen aus:

Einstieg

$$\frac{3 \text{ (gesuchte Anzahl)}}{25 \text{ (gesamte Anzahl)}}$$

Ausformuliert können wir sagen: 3 von 25 Schülern sind nicht 13 Jahre alt. Der Anteil von 12-jährigen Schülern wäre demnach $\frac{2}{25}$ (2 von 25).

Was sind Prozente?

Du fragst dich sicherlich, was das jetzt mit den Prozenten zu tun hat? Prozent bedeutet übersetzt: *pro Hundert*, also sind beispielsweise 1% ein Teil von Hundert. Die Hundert ist dabei keine absolute Zahl sondern eine bestimmte Menge, die mit 100% gleichgesetzt wird. Wenn wir 4 Schokoriegel kaufen, dann sind das unsere 100%. Wenn wir davon zwei essen, haben wir nur noch die Hälfte an Schokoriegeln übrig, also 50%. Oder wie im Beispiel mit den 25 Schülern: Wenn alle anwesend sind, ist die Klasse vollzählig, also sind 100% da. Wenn die Hälfte fehlt, dann sind nur 50% anwesend.

Prozente in Brüche umwandeln

Dreisatz

Prozentzahlen können wir auch als Dezimalzahlen aufschreiben:

100% $\rightarrow$ 1	132% $\rightarrow$ 1,32
50% $\rightarrow$ 0,5	5% $\rightarrow$ 0,05
125% $\rightarrow$ 1,25	25,76% $\rightarrow$ 0,2576

Um die Prozentzahl aller 12-jährigen in deiner Klasse zu erhalten (2/25) gehen wir folgendermaßen vor: Wir erweitern den Nenner mit der Zahl 4 auf 100. Die 100 im Nenner ist für uns ganz wichtig, denn Prozent bedeutet ja: pro Hundert. Wenn wir den Bruch also so erweitern, dass wir eine 100 im Nenner stehen haben, können wir direkt in eine Dezimalzahl und daraus in eine Prozentzahl umrechnen:

$$\frac{2}{25} \xrightarrow{4} \frac{2 \cdot 4}{25 \cdot 4} = \frac{8}{100} = 0{,}08 \rightarrow 8\%$$

Wenn wir nicht auf 100 erweitern können, müssen wir versuchen schriftlich zu dividieren.

Was sind Promille?

Ist dir schon mal aufgefallen, dass sich die Wörter Prozent (%) und Promille (‰) sehr ähneln? Prozent heißt: pro Hundert, somit können wir einen Anteil von 100 bestimmen. Promille hingegen heißt: *pro Tausend* oder *tausendstel*. Wir können mit dem Promille einen Anteil von Tausend bestimmen. Ein Prozent ist demnach zehnmal so groß wie ein Promille. **Beispiel**:

$$2\% = \frac{2}{100}$$

Wir wissen, dass wir 2% auch als $\frac{2}{100}$ schreiben können. Bei Promille steht keine 100 im Nenner, sondern eine 1000, weil wir pro tausend bestimmen wollen. Damit wir von Prozent auf Promille kommen, müssen wir mit 10 erweitern:

$$2\% = \frac{2}{100} \xrightarrow{10} \frac{20}{1000} = 20‰$$

2.1 Prozentwert, Prozentsatz und Grundwert berechnen

Übersicht

Wie Anteile bestimmt und in Prozente umgerechnet werden, haben wir bereits kennengelernt. Der spannende Teil kommt aber erst noch: Das Rechnen mit Prozenten. Vorher aber erst die Erklärung der wichtigsten Begriffe:

- Der Grundwert *G* ist die Ausgangsgröße.
  (z.B die 25 Schüler)
- Der Prozentsatz *p* ist der Anteil.
  (z.B sind 8% zwölf Jahre alt)
- Der Prozentwert *W* ist die absolute Zahl zu dem Prozentsatz.
  (z.B sind 8% gleich zwei Schüler)

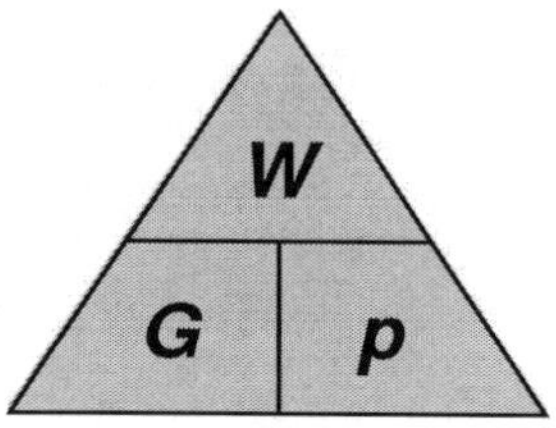

Formeln Prozentrechnung:

$$W = G \cdot p \qquad G = \frac{W}{p} \qquad p = \frac{W}{G}$$

Das Dreieck zeigt den Zusammenhang der Formeln, welche wir als Eselsbrücke benutzen können. Wenn G berechnet werden soll, stellen wir uns das Dreieck vor und machen aus dem horizontalen Strich einen Bruchstrich: $G = \frac{W}{p}$. Soll der Prozentwert W bestimmt werden, machen wir aus dem Strich ein Malzeichen und schon haben wir die richtige Formel: $W = G \cdot p$.

Mit den drei Werten können wir jetzt rumrechnen. Typische Aufgabentypen:

1. **Prozentsatz gesucht**
   In einer Klasse sind 25 Schüler. Zwei davon sind 12 Jahre alt, der Rest ist älter. Wie viel Prozent der Schüler sind 12?

   $$p = \frac{W}{G} = \frac{2}{25} = 0{,}08.$$

   Antwort: In der Klasse sind $p = 8\%$ 12 Jahre alt.

2. **Grundwert gesucht**
   In einer Klasse sind zwei Schüler unter 13 Jahre alt, das sind genau 8% von der gesamten Klasse. Wie groß ist die Klasse?

   $$G = \frac{W}{p} = \frac{2}{0{,}08} = \frac{2}{\frac{8}{100}} = \frac{2 \cdot 100}{8} = 25$$

   Antwort: In der Klasse sind $G = 25$ Schüler.

Beispiel Grundwert gesucht

3. **Prozentwert gesucht**
   In einer Klasse mit 25 Schülern sind 8% 12 Jahre alt. Wie viele Schüler sind das?

   $$W = G \cdot p = 25 \cdot 0{,}08 = 2$$

   Antwort: In der Klasse sind $W = 2$ Schüler 12 Jahre alt.

Beispiel Prozentwert gesucht

2.2 Endwert berechnen

Die Grundaufgaben der Prozentrechnung haben wir bereits kennengelernt. Der nächste Aufgabentyp, den wir uns anschauen, ist die Berechnung von Endwerten.

Aber wozu brauchen wir das? Was ist ein Endwert?

Etwas erhöhen und Prozente berechnen

Beispiel: Nehmen wir an, dass du jeden Tag ein Käsebrötchen in der Schule kaufst, welches 0,60 Euro kostet. Die neue Chefin der Cafeteria hebt jetzt alle Preise um 10% an. Wie teuer ist das Käsebrötchen nach der Erhöhung?

Vorgehen

1. Notiere alle gegebenen Werte

   - Ausgangswert A? Hier: $A = 0{,}60$ Euro
   - Veränderung? Hier: +10% = +0,1
   - Wachstumsfaktor? Hier: 1 + Veränderung = 1,1

2. Formel für den Endwert notieren und berechnen, hier:

   - Endwert (E) = Ausgangswert (A) · Wachstumsfaktor
   - $E = 0{,}60$ Euro $\cdot\, 1{,}1 = 0{,}66$ Euro

3. Antwort notieren, hier:

   Der neue Preis für ein Käsebrötchen beträgt 0,66 Euro.

Wenn sich ein Wert prozentual ändert, können wir mit der Berechnung des Endwertes den endgültigen Wert berechnen. Diese Art der Berechnung können wir z.B. bei der prozentualen Erhöhung des Kaufpreises, bei prozentualen Rabattaktionen oder auch bei der Berechnung vom Brutto- und Nettolohn benutzen.

Wenn sich ein Wert prozentual verkleinert, dann kann es auch mit dem Endwert berechnet werden. Setze dafür bei der Berechnung des Wachstumsfaktors eine negative Veränderung ein und du erhältst einen Wachstumsfaktor der kleiner als 1 ist, z.B. 0,8.

2.3 Prozente in Diagrammen darstellen

Übersicht Diagramme

Um prozentuale Messungen grafisch darzustellen, eignen sich Diagramme sehr gut. Wir können durch die bildliche Darstellung besser sehen wie sich die einzelnen Anteile verteilen. Um ein passendes Diagramm zu wählen, solltest du genau wissen, was du mit deiner Messung aussagen möchtest und was du zeigen möchtest. Hier sind die gängigsten Methoden:

Säulen-/ und Balkendiagramm

Um z.B. eine Klausur auszuwerten, können wir ein Säulendiagramm benutzen. Das eignet sich sehr gut, wenn du Daten hast, die eine gewisse Reihenfolge vorgeben (hier: Note 1 bis 6).

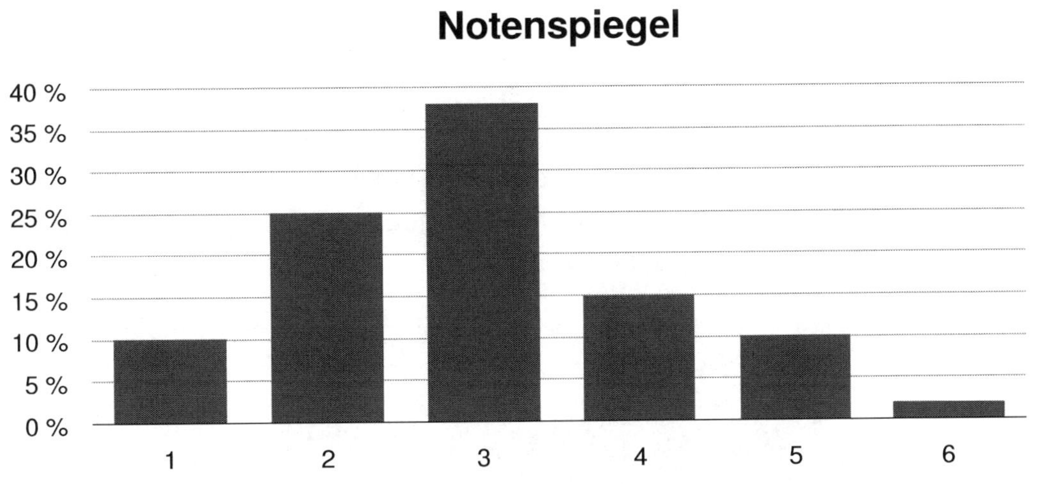

Das Säulendiagramm ist einfach zu zeichnen: Auf der horizontalen (waagerechten) Achse stehen die verschiedenen *Kategorien*, also in diesem Beispiel tragen wir da die Noten 1 bis 6 ein. Auf der vertikalen (senkrechten) Achse sind die Prozente eingetragen, dabei können wir von 0% bis 100% oder von 0% bis zu dem höchsten vorkommenden Prozentsatz gehen. Nun wird auf jeder Note eine Säule gezeichnet, die so hoch ist wie der prozentualen Anteil (z.B. haben 10% der Schüler die Note 1). Anhand der unterschiedlichen Höhen der Säulen haben wir einen bildlichen Vergleich, welche Note am häufigsten vorhanden ist.

Ein weiteres gängiges Diagramm ist das Balkendiagramm. Wenn wir die beiden Achsen des Säulendiagramms tauschen, bekommen wir ein Balkendiagramm. Die Balken liegen dann horizontal und wir können anhand der Länge der Balken einen Vergleich vornehmen.

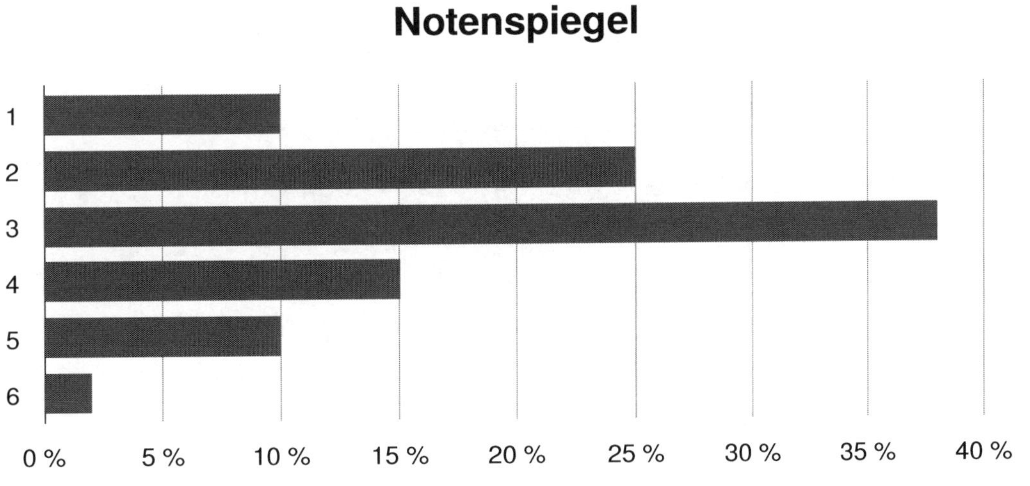

Kreisdiagramm

Kreisdiagramm zeichnen

Ein Kreisdiagramm eignet sich dann, wenn die Daten keine Reihenfolge haben, bzw. es kein *besser* oder *schlechter* gibt. Stellen wir uns vor, dass du in deiner Klasse eine Umfrage über die Hobbys deiner Mitschüler machst. Die Hobbys können zwar in keiner bestimmten Reihenfolge zugeordnet werden, aber der prozentuale Anteil kann bildlich dargestellt werden.

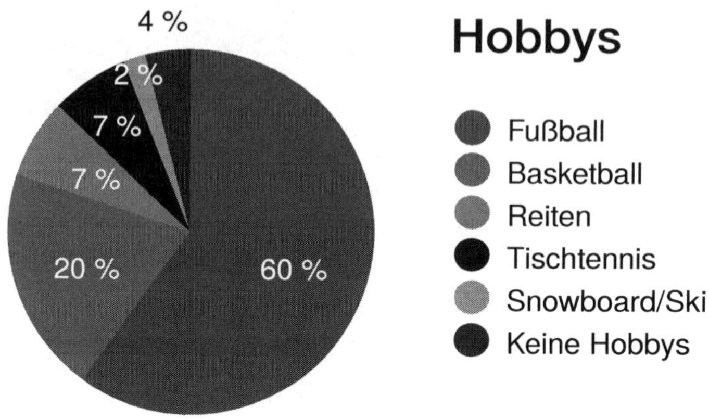

Vorgehen: Kreisdiagramm zeichnen

Beispiel: 20% der Schüler aus deiner Klasse haben Basketball als ihr Hobby.

1. Zeichne einen Kreis. Der volle Kreis hat einen Winkel von 360° = 100%.
2. Berechnen den Winkel für den Anteil, hier:

   Winkel für Basketball = α, Anteil der Sportart = p

   $$\alpha = 360° \cdot p = 360° \cdot 0{,}20 = 72°$$

3. Zeichnen den Winkel ein und berechnen den nächsten.

Hinweis: Alle Winkel der Anteile müssen zusammen 360° ergeben.

2.4 Zinsrechnung

Wenn du deine Eltern fragst, ob sie für dich dein Geld aufbewahren damit es nicht verloren geht, werden deine Eltern das Geld an einem sicheren Ort. Wir können es aber auch zur Bank bringen und dort unser Geld ansparen. Die Bank gibt uns dafür, dass wir ihnen vertrauen, einen gewissen Betrag. Sie könnte sagen, dass sie jedem 100 Euro gibt, der bei ihnen Geld anlegt. Für dich wäre es sehr gut, wenn du dann 10 Euro anlegst und 100 Euro dafür bekommst. Für andere wäre es nur ein kleiner Betrag, wenn sie der Bank beispielsweise 10.000 Euro geben. Deswegen hat sich die Bank überlegt, dass sie keinen bestimmten Betrag auszahlen, sondern einen prozentualen Anteil auf dem, was du eingezahlt hast. Meistens wird der prozentuale Anteil nach einem Jahr ausgezahlt, deswegen heißt es Jahreszins. Der Jahreszins ist der Prozentwert zu deinem Kapital. Wir verwenden folgende Abkürzungen:

- Jahreszins Z
- Kapital K
- Zinssatz p

Formel zur Berechnung des Jahreszins:

$$Z = K \cdot p$$

Beispiel: Daniel zahlt 500 Euro auf das Konto seiner Bank ein. Die Bank gibt ihm dafür einen Jahreszins von 5%. Wie viel Jahreszinsen bekommt er nach einem Jahr ausbezahlt?

Vorgehen: Jahreszins berechnen

1. Gegebene Werte notieren, hier:
   - Kapital $K = 500$ Euro
   - Zinssatz $p = 5\% = 0{,}05$
2. Formel notieren und einsetzen, hier:

   $$Z = K \cdot p = 500 \text{ Euro} \cdot 0{,}05 = 25 \text{ Euro}$$

3. Antwort notieren, hier:

   Daniel bekommt 25 Euro Jahreszinsen.

Wie bei der Berechnung von Grundwert, Prozentwert und Prozentsatz aus der Prozentrechnung können wir auch hier die Formeln umstellen und die fehlende Größe berechnen.

Formeln Zinsrechnung:

$$Z = K \cdot p \qquad K = \frac{Z}{p} \qquad p = \frac{Z}{K}$$

Tipp: Notiere immer erst alle gegebenen Werte und setze dann in die Formel ein.

Tageszinsen

Tages- und Monatszinsen

Umstellen der Formel

Die Banken geben jedem, der Geld bei ihnen spart, Zinsen auf ihr Geld. Es gibt die Möglichkeit sich nach einem Jahr Zinsen berechnen und auszahlen zu lassen. Aber wenn man sein Geld nicht für ein volles Jahr in der Bank sparen will, sondern nur für ein halbes oder ein viertel Jahr, gibt es die Möglichkeit einen Tageszins zu bekommen. Somit wird der Zinssatz nicht auf ein Jahr, sondern auf einen Tag berechnet.

Der Tageszins wird ähnlich wie der Jahreszins berechnet, es wird allerdings zusätzlich der Zeitraum miteinbezogen:

$$Z_t = K \cdot p \cdot \frac{t}{360}$$

In dem Bruch $\frac{t}{360}$ wird für t die Anzahl der Tage eingesetzt, die berechnet werden. Bei der Zinsrechnung wurde für ein Zinsjahr 360 Tage festgesetzt, somit wird mit dem Bruch der prozentuale Anteil des Jahres bestimmt, der berechnet werden soll. $\frac{360}{360}$ wären 100% und somit ein gesamtes Jahr und $\frac{t}{360}$ sind t% und somit nur ein Teil des Jahres.

Vorgehen: Tageszins berechnen

1. Gegebene Werte notieren, hier:
   - Kapital $K = 3.000$ Euro
   - Zinssatz $p = 4\% = 0{,}04$
   - Tage $t = 90$
2. Formel notieren und einsetzen, hier:

$$Z_t = K \cdot p \cdot \frac{t}{360} = 3.000 \text{ Euro} \cdot 0{,}04 \cdot \frac{90}{360} = 30 \text{ Euro}$$

3. Antwort notieren, hier:

   Die Tageszinsen für 90 Tage betragen bei einem Zinssatz von 4% 30 Euro.

Auch diese Formeln kannst du umstellen und den Zinssatz, das Kapital oder die Anzahl der Tage berechnen. Schau dafür im Kapitel Gleichungen nach, wie Äquivalenzumformungen angewendet werden.

2.5 Aufgaben

A.2.1. Schreibe in Prozent [%].

a) $\frac{2}{100}$ b) $\frac{1}{5}$ c) $\frac{4}{2}$ d) $\frac{7}{8}$

A.2.2. Schreibe in Promille [‰].

a) $\frac{2}{1000}$ b) $\frac{2}{100}$ c) $\frac{1}{5}$ d) $\frac{9}{125}$

A.2.3. Berechne die fehlenden Werte.

a) Ein Eichhörnchen hat 240 Nüsse gesammelt. 30 davon sind Haselnüsse. Wie hoch ist der Prozentsatz?

b) Karl möchte eine Playstation haben und hat 300 Euro. Karls Eltern sagen, dass sie ihm die Playstation kaufen, aber er muss 25% von seinem Geld dazulegen. Wie viel muss Karl von seinem Geld abgeben?

c) Tom hat bereits 15 Euro seines Taschengeldes ausgegeben. Dies sind 20 Prozent seines monatlichen Taschengeldes. Wie viel Geld bekommt er pro Monat?

A.2.4. Berechne die jeweiligen Endwerte.

a) Finn möchte sich Äpfel kaufen und geht zum Supermarkt. Dort findet er als Angebot eine Aktionspackung für 5 Euro. Die Aktionspackung ist beschriftet mit $5\text{kg} + 15\%$ mehr Inhalt. Wie viel Kilogramm Äpfel kann sich Finn für 5 Euro kaufen?

b) Karl möchte diesmal ein Spiel für seine Playstation kaufen und findet ein Angebot: Heute alles 20% reduziert. Wie viel zahlt er für das Spiel, wenn es vorher 25 Euro gekostet hat?

A.2.5. In einer Umfrage wurden 150 Menschen befragt, was für ein Haustier sie besitzen. 40 haben einen Hund, 25 eine Katze, 15 haben zu Hause einen Vogel und 5 haben Reptilien. Der Rest hat kein Haustier zu Hause. Zeichne zu dieser Aufteilung ein Kreisdiagramm.

A.2.6. Berechne die fehlenden Größen.

	a)	b)	c)	d)	e)	f)
Kapital K in Euro	2.000		155.250	354	15.475	
Zinssatz p in %		5	7	3		20
Jahreszinsen Z in Euro	40	500			368,75	902

A.2.7.

a) Gegeben sind: $K = 2000$ Euro, $p = 2{,}5\%$, $t = 150$ Tage.
Berechne den Tageszins Z_T.

b) Karl hat von seinen Großeltern 200 Euro zum Geburtstag bekommen und will das auf einem Festgeldkonto anlegen, bis er es braucht. Es wird jährlich mit 4% verzinst. Nach 5 Monaten (30 Tage pro Monat) braucht er es für einen neuen Controller seiner Playstation (Kosten: 20 Euro). Kann er den Controller von den bisher erhaltenen Zinsen bezahlen?

3 Zuordnungen

Wir können im Supermarkt jedem Produkt einen Preis zuordnen. Betrachten wir zum Beispiel ein Brötchen. Eine Zuordnung könnte also lauten: 1 Brötchen $\rightarrow$ 0,25 Euro. Dem Brötchen wurde ein fester Preis zugeordnet mit dem wir später rechnen können.

Übersicht

3.1 Proportionale Zuordnung

Bei Produkten im Supermarkt haben wir meistens eine proportionale Zuordnung. Aber was bedeutet das? Je mehr wir einkaufen, desto mehr müssen wir auch bezahlen, ist doch logisch!

Proportional und Antiproportional

Eine Zuordnung ordnet einem Wert einen anderen Wert eindeutig zu.

Wenn wir nur ein Brötchen kaufen, zahlen wir 0,25 Euro. Wenn wir zwei Brötchen kaufen, müssen wir zweimal 0,25 Euro bezahlen, also 0,5 Euro. Das könnten wir beliebig oft fortführen, bis wir alle Brötchen aufgekauft haben.

Anzahl	Preis (Euro)	
1	0,25	
2	0,5	$\cdot 2$
3	0,75	$\cdot 3$
...	...	

Wir können die **Zuordnung** und die **Zuordnungsart** für unsere Berechnungen nutzen. **Beispiel**: Wenn wir den Preis eines Brötchens kennen und wir 10 Stück kaufen möchten, dann multiplizieren wir einfach den Betrag von einem Brötchen mit der Anzahl an Brötchen, die wir haben möchten.

$$10 \cdot 0{,}25 \text{ Euro} = 2{,}50 \text{ Euro}$$

Allgemein können wir sagen, wenn wir *n* Brötchen kaufen möchten (*n* ist hier eine Variable, die verwendet wird, da wir nicht wissen, wie viele Brötchen gekauft werden sollen): $n \cdot 0{,}25$ [Euro]. Für *n* kann jetzt eine beliebige Zahl eingesetzt werden.

Achtung bei „Je ... desto“ (Teil 1)

Achtung bei „Je ... desto“ (Teil 2)

Bei der proportionalen Zuordnung merken wir uns:

> **Je mehr ..., desto mehr ...**
>
> **oder**
>
> **Je weniger ..., desto weniger....**
>
> z.B.: Je mehr Brötchen wir haben möchten, desto mehr müssen wir bezahlen.

Bei Aufgaben, in denen wir die Zuordnung für eine Einheit nicht kennen (wie im obigen Beispiel), nutzen wir eine Tabelle und berechnen über einen Zwischenschritt den Wert einer einzigen Einheit.

Beispiel: 5 Flaschen Wasser kosten 15,00 Euro, wie viel kosten 9 Flaschen?

Vorgehen: Proportionale Zuordnung berechnen

1. Schreibe die bekannte Zuordnung in eine Tabelle, hier:

   Wir wissen aus der Aufgabenstellung, wie viel 5 Flaschen Wasser kosten. Die Tabelle bekommt 2 Spalten mit den Überschriften „Anzahl“ und „Kosten (Euro)“.

Anzahl	Kosten (Euro)
5	15,00

2. Berechne, falls nötig, einen Zwischenschritt (eventuell die 1), hier:

   Wir rechnen zunächst aus, was eine Flasche Wasser kostet. Dafür teilen wir die Anzahl und die Kosten jeweils durch 5 und finden heraus, das eine Flache Wasser 3,00 Euro kostet. Anschließend multiplizieren wir Anzahl und Kosten, ausgehend von einer Flasche, mit 9 und bekommen die gesuchten Kosten für 9 Flaschen Wasser.

	Anzahl	Kosten (Euro)	
	5	15,00	
:5 ↓	1	3,00	↓ :5
·9 ↓	9	27,00	↓ ·9

3. Notiere die Antwort, hier:

   9 Flaschen Wasser kosten 27,00 Euro.

3.2 Antiproportionale Zuordnung

Die antiproportionale Zuordnung tritt ein, wenn die vorhandene Menge konstant bleibt und sich die Aufteilung ändert. Was bedeutet das?

Wir betrachten 2 Liter Wasser und 20 Gläser. Wenn jedes Glas mit 0,1 Liter Wasser befüllt ist, sind alle Gläser gleich voll. Wenn wir die 2 Liter Wasser auf nur 10 Gläser aufteilen sollen, müssen wir jedes Glas mit 0,2 Liter Wasser füllen.

	Anzahl Gläser	Liter pro Glas	
	20	0,1	
:2	10	0,2	·2
:2	5	0,4	·2
·8	40	0,05	:8

Die gesamte Menge an Wasser bleibt immer gleich, aber es ändert sich die Menge an Gläsern, in denen das Wasser aufgeteilt werden soll.

Bei der proportionalen Zuordnung merken wir uns:

> **Je mehr ..., desto weniger ...**
>
> **oder**
>
> **Je weniger ..., desto mehr....**
>
> z.B.: Je mehr Gläser befüllt werden, desto weniger Wasser pro Glas.

Das Vorgehen zur Berechnung der antiproportionalen Zuordnung funktioniert genau wie bei der proportionalen Zuordnung. Befolge einfach die 3 Schritte, denn auch hierbei kann ein Zwischenschritt sinnvoll sein.

3.3 Zuordnungen darstellen

Proportionale Zuordnungen werden mit Hilfe einer Geraden dargestellt.

weiteres Beispiel

Beispiel: Peter fährt mit seinem Auto in den Urlaub. Er braucht für 120 km 1 Stunde und sein Urlaubsort ist 600 km entfernt. Wie lange dauert die Autofahrt?

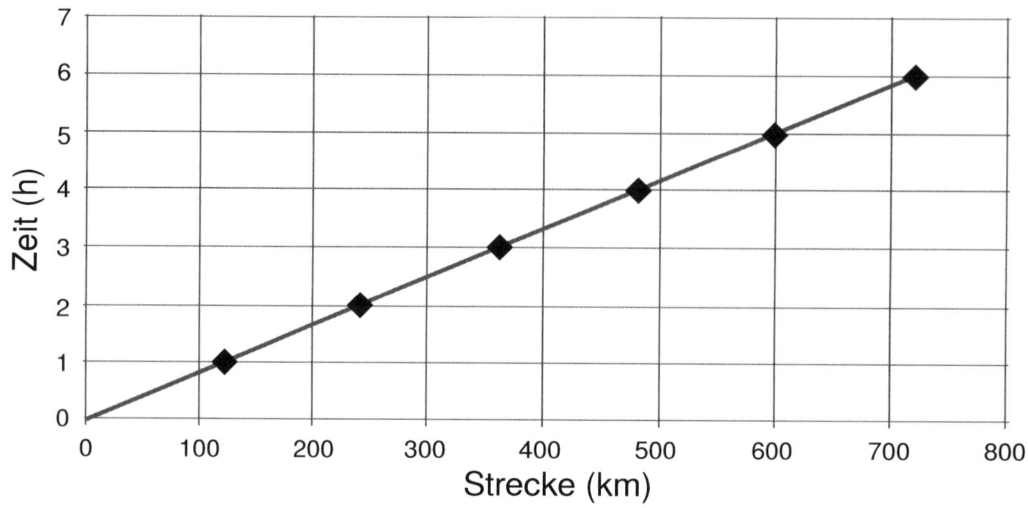

Zuordnungen darstellen

Da wir wissen, dass es eine proportionale Zuordnung ist, können wir den Punkt (0|0) als auch den Punkt (120|1) in unser Diagramm einzeichnen und eine Gerade dadurch zeichnen. Jetzt müssen wir nur noch den *y*-Wert ablesen, der zu dem gesuchten *x*-Wert = 600 km gehört.

Antwort: Peter benötigt für 600 km genau 5 Stunden.

Antiproportionale Zuordnungen werden mit Hilfe von Hyperbeln dargestellt.

Beispiel: Bei einem Wandertag kostet die Busfahrt bei 24 Schülern jeweils 20 Euro pro Schüler. Es kommen kurzfristig 6 Schüler der Parallelklasse mit. Wie viel muss jeder Schüler zahlen, wenn das Geld gleichmäßig aufgeteilt wird?

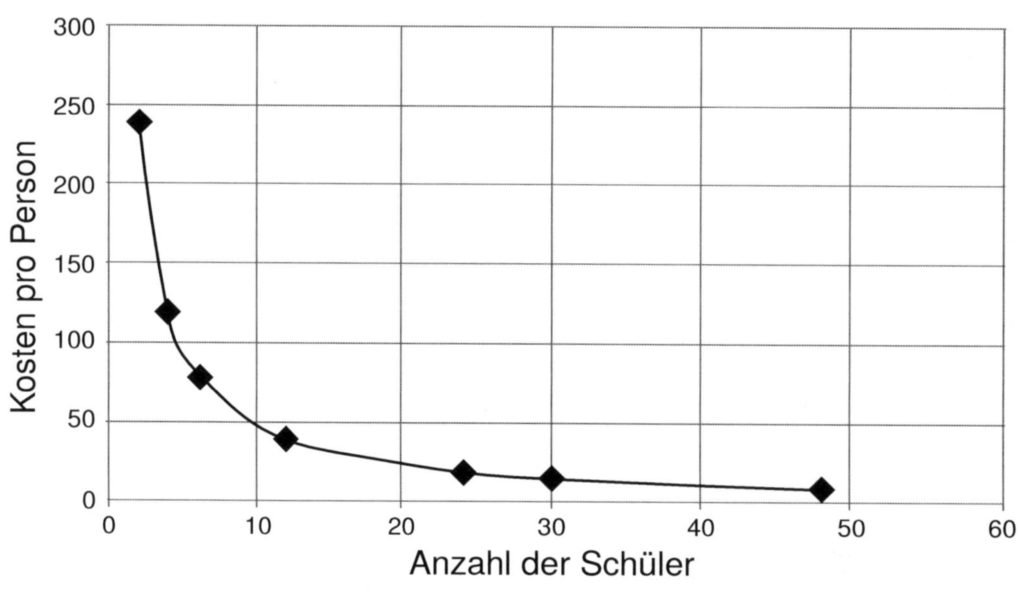

Der erste Punkt, den wir eintragen könnt, liegt bei (24|20). Insgesamt kostet die

Busfahrt also $24 \cdot 20 = 480$ Euro. Wir können weitere Punkte der Zuordnung bestimmen, in dem wir die Gesamtkosten durch eine beliebige Anzahl an Schülern teilen. Wenn 30 Schüler mitfahren, rechnen wir $480 : 30 = 16$. Wir können also den nächsten Punkt bei (30|16) eintragen. Wichtig: Eine antiproportionale Zuordnung lässt sich nicht als Gerade darstellen. Um den Verlauf zu zeichnen, müssen wir die Punkte einzeln berechnen.

Antwort: Bei 30 Schülern muss jeder nur noch 16 Euro zahlen.

3.4 Aufgaben

A.3.1. Berechne die fehlenden Werte dieser proportionalen Zuordnungen.

a)

Anzahl	Preis (Euro)
5	12,50
1	
8	

b)

Milch (Liter)	Preis (Euro)
1	0,80
2	
5	

c)

Bananen (kg)	Preis (Euro)
3	1,80
1	
7	

A.3.2. Berechne die fehlenden Werte dieser antiproportionalen Zuordnungen.

a) Eine Busfahrt wird von der Klasse bezahlt. Wie viel muss jeder bezahlen, wenn weniger Schüler mitkommen?

Anzahl Schüler	Preis pro Person
30	2,50
1	
10	

b) Der Flächeninhalt eines Rechtecks bleibt immer gleich groß. Wie ändert sich die Breite, wenn sich die Länge ändert?

Länge (cm)	Breite (cm)
20	35
25	

c) Ein Auto braucht mit einer Geschwindigkeit von 180 km/h 2h für eine Strecke. Wie lange braucht es mit 150 km/h?

Geschwindigkeit (km/h)	Zeit (h)
180	2

A.3.3. In einer Fabrik werden eingelegte Gurken in Gläser abgefüllt. Pro Tag füllen sie 500kg eingelegte Gurken ab. Jedes Glas fasst 250g Gurken, aber aufgrund vieler Kundennachfragen wollen sie die Größe der Gläser variieren. Wie viele Gläser füllen sie pro Tag ab, wenn sie die Füllmenge der Gläser ändern?

kg pro Glas	0,25	0,1	0,2	0,5	1	2
Anzahl der Gläser						

Zeichnen ein Schaubild zu dieser Tabelle.

A.3.4. Bei diesen Aufgaben musst du als erstes herausfinden, ob es sich um eine proportionale oder antiproportionale Zuordnung handelt. Anschließend rechnest du die Aufgaben.

a) Peter ist mit seinem Auto mit 42 Liter 600 km weit gefahren. Wie viel Liter verbraucht sein Auto pro 100 km?

b) Für das Streichen eines Hauses benötigen 5 Maler 3 Tage. Wie lange benötigen nur 4 Maler? Wie viele Maler werden benötigt, wenn das Haus in einem Tag fertig sein soll?

c) Ein Lehrer kauft für die 25 Schüler seines Mathekurses Waffeln am Kiosk und bezahlt 45 Euro. Nach der Pause möchte sein Sportkurs auch gerne Waffeln essen. Wie viel bezahlt er insgesamt für die 16 Schüler des Sportkurses.

4 Geometrie

Die Geometrie beschäftigt sich mit Punkten, Winkeln, Geraden, Ebenen und noch vielem mehr. Es handelt sich um Dinge, die mit einem Bleistift, einem Zirkel, einem Lineal oder einem Geodreieck gezeichnet werden können.

In diesem Kapitel erklären wir zunächst die einzelnen Elemente und gehen dann auf Eigenschaften typischer Figuren ein, die dir häufig begegnen werden.

4.1 Grundlagen

Winkel zeichnen und lesen

Immer wenn sich zwei Geraden schneiden oder aufeinandertreffen entsteht zwischen den Geraden ein Winkel α. Der Winkel bestimmt die Lage der Geraden zueinander, wie in der folgenden Abbildung zu sehen ist.

Grundlagen

Winkel zeichnen

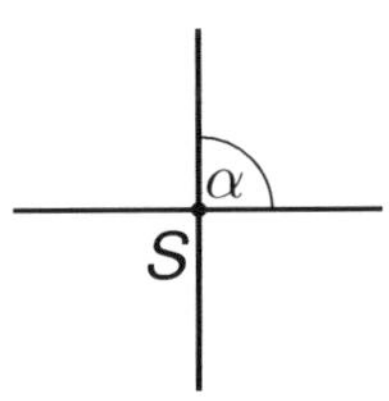

In diesem Fall schneiden sich zwei Geraden im Schnittpunkt S und der Winkel beträgt 90°, was bedeutet, dass die beiden Geraden senkrecht zueinander stehen.

> **Interessantes für Zwischendurch:**
>
> Winkel werden meistens mit einem griechischen Buchstaben angegeben:
>
> Die Buchstaben α: Alpha, β: Beta, γ: Gamma und δ: Delta werden am meisten benutzt

Der Winkel zwischen zwei Geraden kann durch ein Geodreieck abgelesen und auch gezeichnet werden. Um einen Winkel zu zeichnen, befolgen wir die angegebenen Schritte:

1. Gerade zeichnen
2. Geodreieck drehen: die Null liegt auf der Gerade, anhand der Skala am Halbkreis kann der Winkel eingestellt werden (hier: $\alpha = 60°$)
3. Zweite Gerade zeichnen

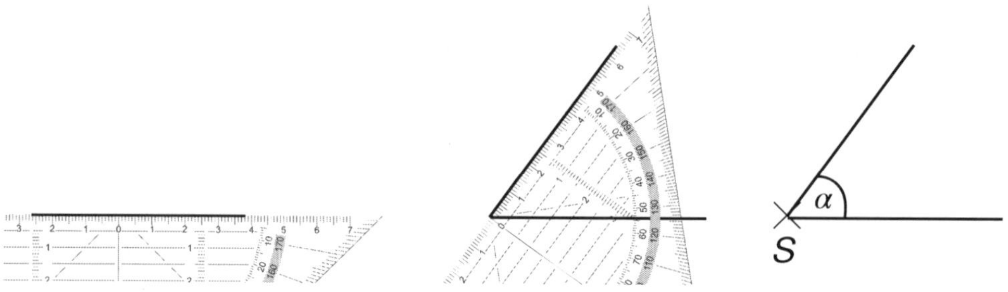

Mittelsenkrechte

Jede Strecke hat eine Mittelsenkrechte. Die Mittelsenkrechte befindet sich in der Mitte der beiden Endpunkte der Strecke und steht senkrecht zu ihr, das heißt, sie steht im 90° Winkel zur Strecke.

Mittelpunkt bestimmen

Mittelsenkrechte im Dreieck

Vorgehen: Mittelsenkrechte konstruieren

1. Zeichne einen Kreisbogen um A, bei dem der Radius ein bisschen größer sein sollte als die Hälfte der Strecke $\overline{AB}$.
2. Zeichne einen Kreisbogen um B mit dem gleichen Radius (stelle deinen Zirkel also nicht um!).
3. Verbinde die Schnittpunkte der Kreisbögen.

$\Rightarrow$ Mittelsenkrechte der Strecke $\overline{AB}$ ist fertig.

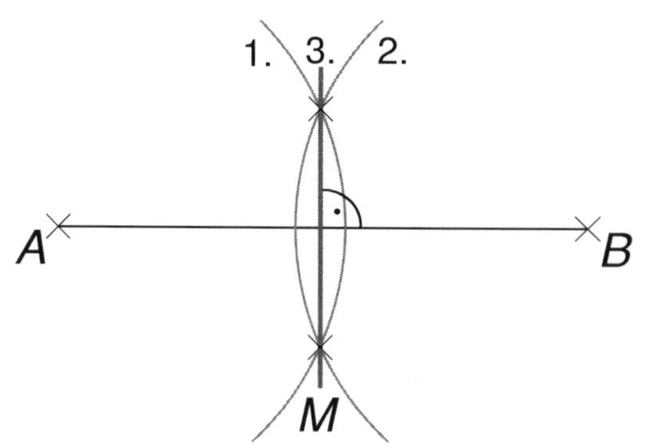

4.2 Dreiecke

Ein Dreieck hat, wie der Name es schon sagt, immer 3 Ecken und somit 3 Seiten. Für jedes Dreieck gilt, dass die Summe aller Innenwinkel $\alpha + \beta + \gamma = 180°$ beträgt.

Formen und Eigenschaften von Dreiecken

Bei den Dreiecken unterscheiden wir anhand der Seitenlänge drei verschiedene Typen. Diese Typen haben alle unterschiedliche Eigenschaften, die wir im Folgenden zusammengefasst haben.

Grundlagen

Unregelmäßiges Dreieck 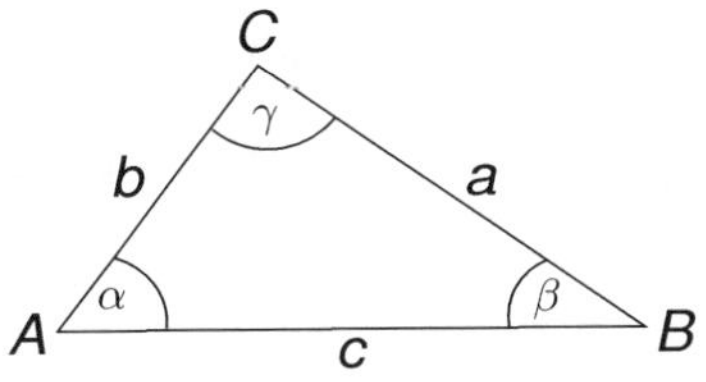 	Eigenschaften: • es gibt keine Abhängigkeiten, alle Seiten und Winkel sind unterschiedlich groß
Gleichschenkliges Dreieck 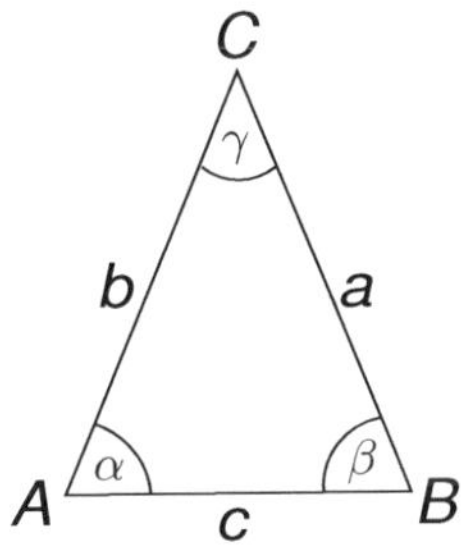 	Eigenschaften: • zwei Seiten sind gleich lang: $a = b$ • zwei Winkel sind gleich groß: $\alpha = \beta$ • dritte Seite wird Basis genannt: c
Gleichseitiges Dreieck 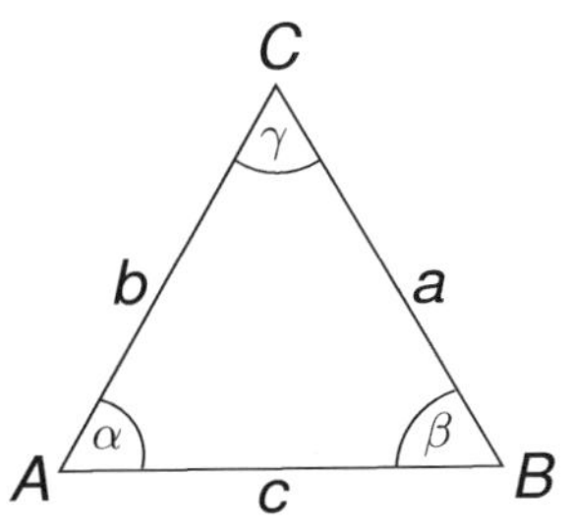 	Eigenschaften: • alle Seiten sind gleich groß: $a = b = c$ • alle Winkel sind gleich groß: $\alpha = \beta = \gamma$

Umkreis vom Dreieck

Der Umkreis ist ein Kreis, der um ein Dreieck gelegt wird und bei dem alle Eckpunkte vom Dreieck den Kreis berühren. Für das Zeichnen vom Umkreis benötigen wir zuerst die Mittelsenkrechte von jeder Seite. Der gemeinsame Schnittpunkt von allen Mittelsenkrechten ist dann der Mittelpunkt vom Umkreis.

Umkreis

Interessantes für zwischendurch:

Bei gleichseitigen Dreiecken ist der Schnittpunkt M der Mittelsenkrechten auch der Schnittpunkt W der Winkelhalbierenden, also haben der Inkreis und der Umkreis denselben Mittelpunkt.

Flächeninhalt eines Dreiecks

Formel:

$$A_{\text{Dreieck}} = \frac{1}{2} \cdot g \cdot h$$

Höhe im Dreieck

Für die Fläche eines Dreiecks müssen wir also die Grundseite g und die Höhe h kennen, die im rechten Winkel zur Grundseite c steht.

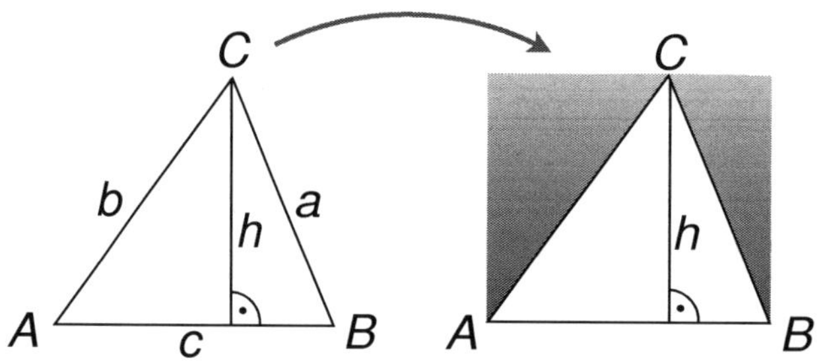

In der Abbildung können wir erkennen, dass sich ein Rechteck ergibt, wenn das Dreieck genau an der eingezeichneten Linie h geschnitten wird und die kleinen Dreiecke außen angelegt werden. Das entstandene Rechteck wird durch die Grundseite g und der Höhe h gebildet und ist doppelt so groß wie das eigentliche Dreieck.

4.3 Vierecke

Ein Viereck ist eine geometrische Figur, die aus vier Punkten A, B, C und D besteht, von denen keine drei auf einer Geraden liegen und den vier Seiten a, b, c und d. Die Summe aller Winkel in einem Viereck beträgt $\alpha + \beta + \gamma + \delta = 360°$.

Formen und Eigenschaften von Vierecken

In der folgenden Übersicht schauen wir uns drei besondere Formen von Vierecken und deren Eigenschaften an.

Viereck

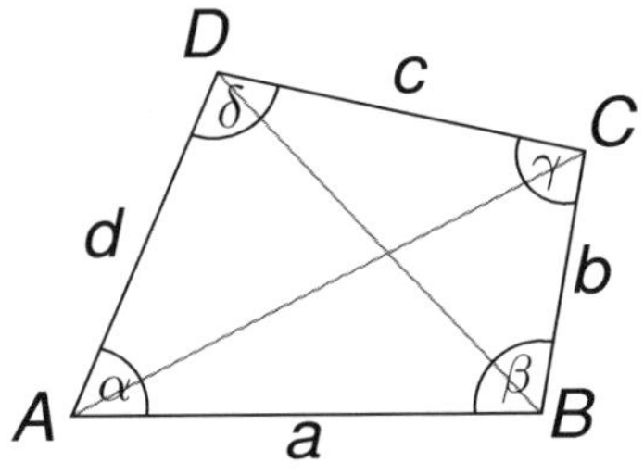

Eigenschaften:

- das hier gezeigte Viereck wird auch konvexes Viereck genannt, denn alle Winkel sind kleiner als 180°

Parallelogramm

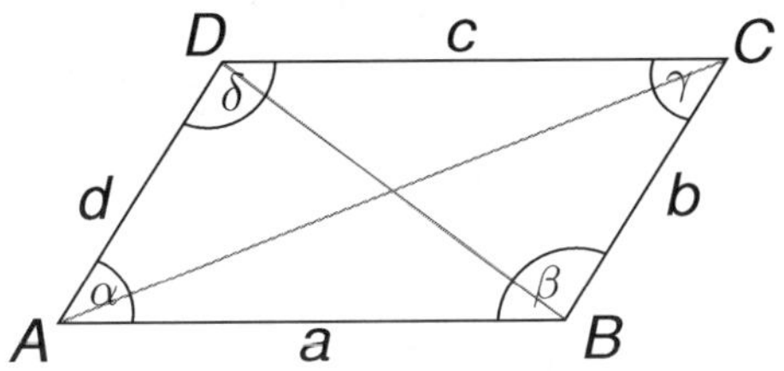

Eigenschaften:

- gegenüberliegende Seiten sind
  - parallel: $a \parallel c, b \parallel d$
  - gleich lang: $a = c, b = d$
- gegenüberliegende Winkel sind gleich groß: $\alpha = \gamma, \beta = \delta$
- die Diagonalen halbieren sich

Gleichschenkliges Trapez

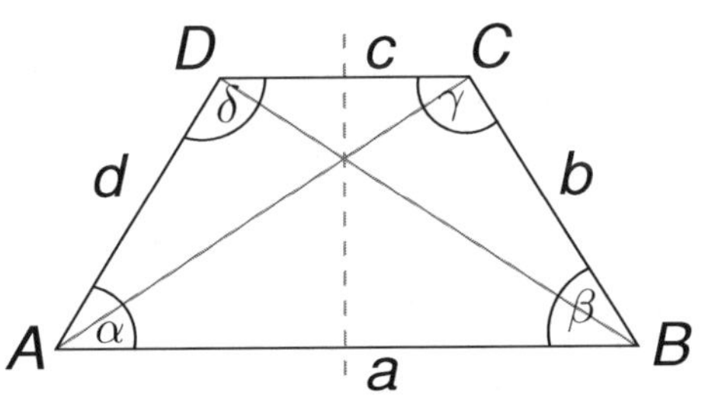

Eigenschaften:

- zwei Seiten sind parallel: $a \parallel c$ (a, c = Grundseite)
- die Winkel an der Grundseite sind gleich groß: $\alpha = \beta$
- die beiden Seiten, die keine Grundseiten sind, sind gleich lang: $b = d$
- die Diagonalen sind gleich lang
- es gibt eine Symmetrieachse (gestrichelte Linie)

Flächeninhalte

Der Flächeninhalt eines Parallelogramms lässt sich mit der Grundseite a (in deinem Schulbuch kann es z.B. auch g sein) und der Höhe h bestimmen.

Flächen Übersicht

Formel für Parallelogramm:

$$A_{\text{Parallelogramm}} = a \cdot h$$

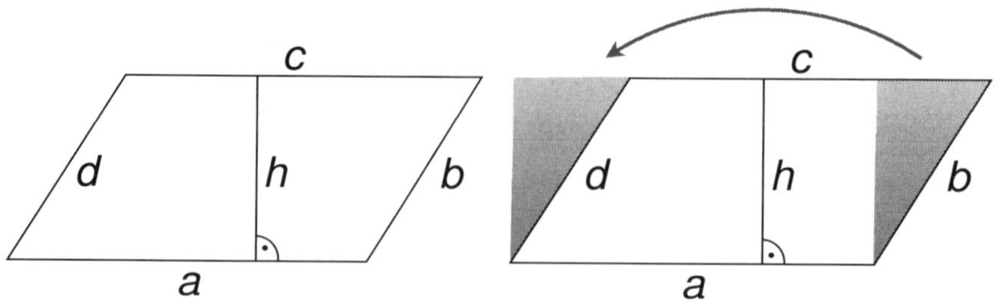

In der Abbildung können wir sehen, wieso der Flächeninhalt für ein Parallelogramm $a \cdot h$ ist. Wenn das graue Dreieck auf der rechten Seite abgeschnitten wird und an die andere Seite gelegt wird, ergibt sich ein Rechteck mit den Seiten a und h, also die Grundseite und die Höhe.

Formel für Trapez:

$$A_{\text{Trapez}} = \frac{a+c}{2} \cdot h$$

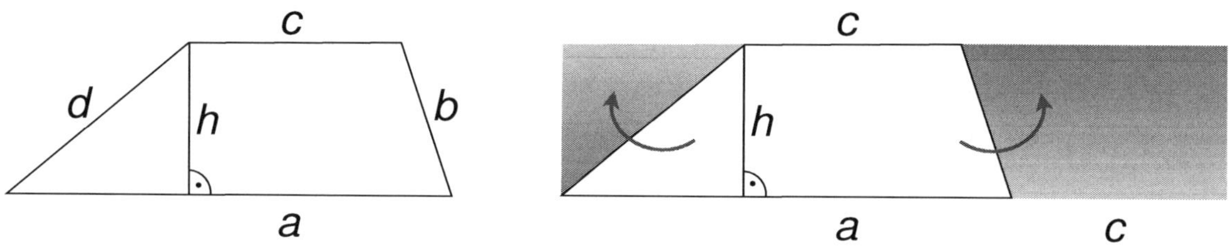

Die Abbildung erklärt uns wieder die Formel für den Flächeninhalt. Wenn das Trapez an der eingezeichneten Linie h geschnitten wird und die beiden Stücke an das vorhandene Trapez „drangelegt" wird, dann bekommen wir ein Rechteck mit den Seitenlängen $a + c$ und h. Das entstandene Rechteck ist doppelt so groß wie das Trapez, weswegen wir in der Formel den Flächeninhalt mit $1/2$ multiplizieren.

Flächeninhalt von zusammengesetzten Flächen

Wenn wir den Flächeninhalt zusammengesetzter Flächen berechnen müssen, können wir alles, was wir bisher kennengelernt haben, nutzen. Dafür teilen wir die Fläche in mehrere „einfache" Flächen auf. Die Berechnung wird für uns dann viel einfacher, da wir bekannte Flächen berechnen können und sie anschließend aufaddieren.

Schauen wir uns dazu das folgende **Beispiel** an. Wir können diese Fläche nicht direkt berechnen, sondern müssen sie in uns bekannte Formen aufteilen. Eine

Möglichkeit ist, die Fläche in ein Rechteck und ein Trapez zu unterteilen, wie wir es in der Abbildung sehen.

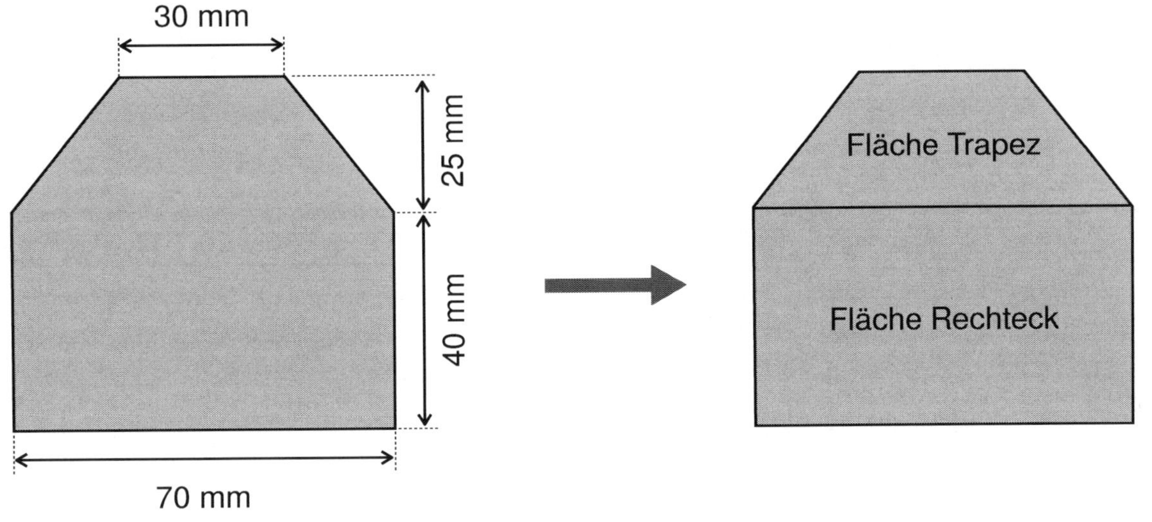

Anschließend müssen wir lediglich die einzelnen Teilflächen A_{Trapez} und A_{Rechteck} berechnen und zur Gesamtfläche $A_{\text{ges.}}$ addieren. Es folgt für das Beispiel:

$$A_{\text{Trapez}} = \frac{a+c}{2} \cdot h = \frac{70\text{ mm} + 30\text{ mm}}{2} \cdot 25\text{ mm} = \frac{100\text{ mm}}{2} \cdot 25\text{ mm} = 1.250\text{ mm}^2$$

$$A_{\text{Rechteck}} = a \cdot b = 70\text{ mm} \cdot 40\text{ mm} = 2.800\text{ mm}^2$$

$$A_{\text{ges.}} = A_{\text{Trapez}} + A_{\text{Rechteck}} = 1.250\text{ mm}^2 + 2.800\text{ mm}^2 = 4.050\text{ mm}^2$$

Der Flächeninhalt beträgt also insgesamt 4.050 mm^2.

4.4 Körper

Bisher haben wir uns in der Geometrie mit zweidimensionalen Formen beschäftigt. Es handelt sich also um Figuren, die auf ein Blatt Papier gezeichnet werden können und die nur eine Höhe und eine Breite haben.

Bei Körpern kommt eine *Dimension* hinzu (die Länge/Tiefe). Dadurch gelingt es uns, Gegenstände aus der Realität abzubilden und zu berechnen. Wenn wir uns z.B. einen Würfel anschauen, gibt es für diesen Gegenstand sowohl eine Länge, eine Breite und eine Höhe.

Prismen

Die geraden Prismen sind dreidimensionale Körper und bestehen immer aus einer Grundfläche *G*, einer Deckfläche *D* sowie einer Mantelfläche *M*. Prismen haben bestimmte Eigenschaften:

Prismen

- Grundfläche G und Deckfläche D sind gleich
- G und D liegen parallel zueinander

Interessantes für zwischendurch:

Ein gerader Zylinder ist ein gerades Prisma mit einem Kreis als Grundfläche G und Deckfläche D.

Ein Quader ist ein gerades Prisma, bei der alle Seiten gleichlang sind:

$$a = b = h$$

, wodurch wir uns die Grundseite beliebig aussuchen können.

Volumen

Das Volumen eines geraden Prismas oder eines geraden Zylinders beschreibt, wie groß der Raum in diesem Körper ist. Stellen wir uns vor, dass z.B. ein Zylinder mit Wasser gefüllt werden soll und es soll herausgefunden werden, wie viel Wasser in diesen Zylinder reinpasst.

Für die Berechnung des Volumens benötigen wir die Grundseite G des Prismas und die Höhe h. Die Grundseite kann unterschiedliche Formen aufweisen, z.B. ein Rechteck, ein Quadrat, ein Dreieck, ein Trapez etc.

Allgemeine Volumenformel für Prismen:

$$V_{\text{Prisma}} = G \cdot h$$

Hinweis: Oft findet ihr auch für die Höhe h_P in der Zeichnung. Eine Erläuterung erfolgt im nächsten Absatz.

Schauen wir uns ein Prisma mit dreieckiger Grundfläche an.

Volumenformel für Dreiecksprisma:

$$V_P = G \cdot h_P = \frac{1}{2} \cdot g \cdot h \cdot h_P$$

mit h_P als Höhe des Prismas, g als Grundseite und h als Höhe der dreieckigen Grundfläche.

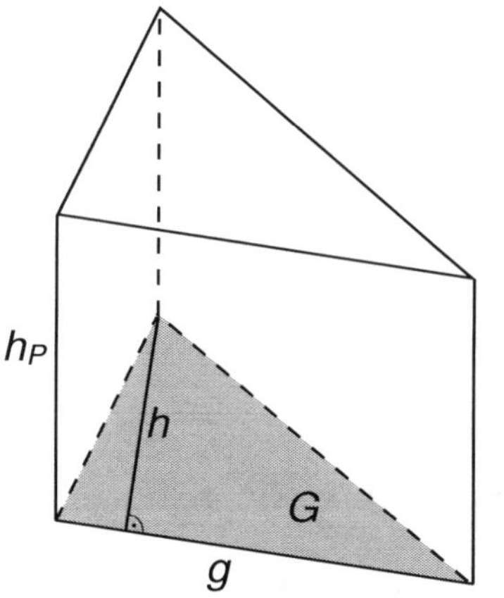

In der Volumenformel wurde bei der Prismenhöhe h ein kleiner Buchstabe P beigeschrieben. Dieser Buchstabe wird Index genannt und hilft uns dabei Ordnung zu halten. Wir haben nämlich bei unserem Dreiecksprisma zweimal eine Höhe h gegeben. Einmal die Höhe h vom Dreieck der Grundseite und einmal die Höhe des Prismas. Damit wir die beiden Höhen nicht verwechseln, schreiben wir für die Prismenhöhe einfach h_P.

Die Berechnung des Volumens eines Prismas mit anderen Grundflächen erfolgt genau so. Zuerst die Grundseite mit der passenden Flächenformel bestimmen und dann mit der Höhe des Prismas multiplizieren.

Oberflächeninhalt

Wenn wir aus Papier ein Prisma bauen, zum Beispiel einen Zylinder, dann brauchen wir dafür zwei Kreise: Einen für die Grundfläche und einen für die Deckfläche. Dann brauchen wir noch ein Rechteck für die Mantelfläche. Das Rechteck wird dann zu einer Röhre geformt, die den gleichen Durchmesser hat wie die zwei Kreise.

Wenn wir die jeweiligen Flächeninhalte der einzelnen Stücke ausrechnen, bekommen wir den Oberflächeninhalt des Zylinders, also den Flächeninhalt der gesamten Oberfläche des Prismas.

Zylinder

Allgemeine Oberflächenformel für Prismen:

$$O = 2 \cdot G + M$$

mit G als Grundfläche und M als Mantelfläche.

Schauen wir uns dazu den bereits erwähnten Zylinder als **Beispiel** genauer an. In der folgenden Abbildungen sehen wir sowohl den Zylinder als Körper und in „aufgeklappter“ Form.

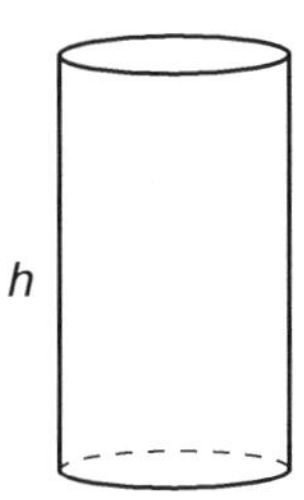

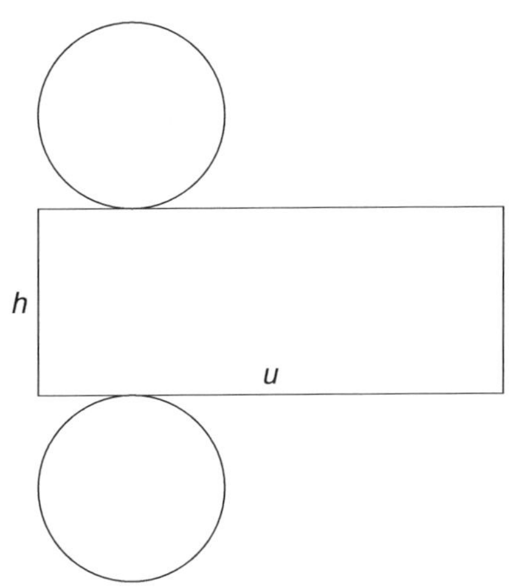

Die **Oberfläche** des Zylinders lässt sich relativ einfach berechnen. Für die Mantelfläche M müssen wir lediglich ein Rechteck mit der Höhe h des Zylinders und dem Umfang u des Kreises als Seiten berechnen. Für die Grundseite G muss die Kreisfläche bestimmt werden.

Oberflächenformel für Zylinder:

$$O = 2 \cdot G + M = 2 \cdot \underbrace{\pi \cdot r^2}_{=G} + \underbrace{h \cdot \overbrace{2 \cdot \pi \cdot r}^{=u}}_{=M}$$

Bei Prismen, außer beim Zylinder, kann die Mantelfläche auch in einzelne Rechtecke aufgeteilt werden und miteinander addiert werden. Das können wir schön sehen bei einem Prisma mit rechteckiger Grundfläche:

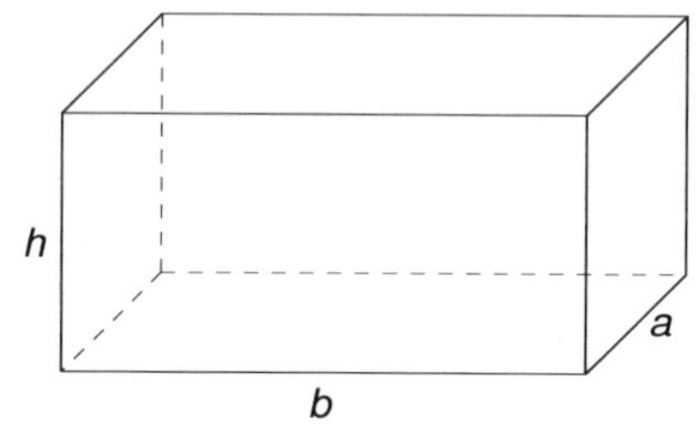

Oberflächenformel für Prisma mit rechteckiger Grundfläche:

$$O = 2 \cdot G + M = 2 \cdot \underbrace{a \cdot h}_{=G} + \underbrace{4 \cdot a \cdot b}_{=M}$$

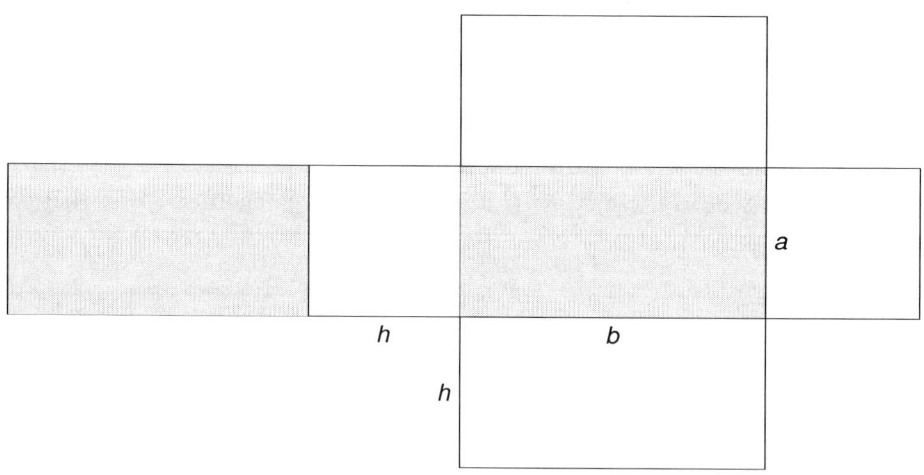

4.5 Aufgaben

A.4.1. Miss den Winkel α und zeichne den Winkel $\beta = 80°$ ein.

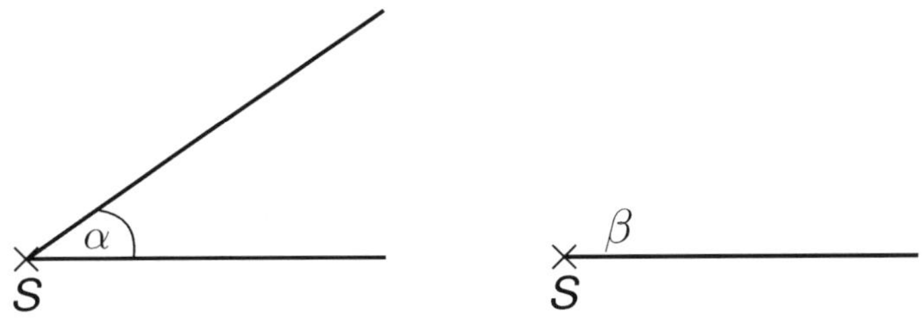

A.4.2. Zeichne jeweils ein Dreieck mit den angegebenen Winkeln.

a) $\alpha = 60°, \beta = 60°, \gamma = 60°$

b) $\alpha = 85°, \beta = 25°, \gamma = 70°$

c) Zeichne ein Dreieck mit einem stumpfen Winkel und beschrifte die Eckpunkte und die Winkel. Ab wie viel Grad und bis wie viel Grad ist ein Winkel ein stumpfer Winkel?

A.4.3. Zeichne ein Parallelogramm und ein gleichschenkliges Trapez jeweils mit dem Winkel $\alpha = 70°$ und der Höhe $h = 3\text{cm}$. Wie groß sind dann die Winkel β, γ und δ bei den beiden Vierecken?

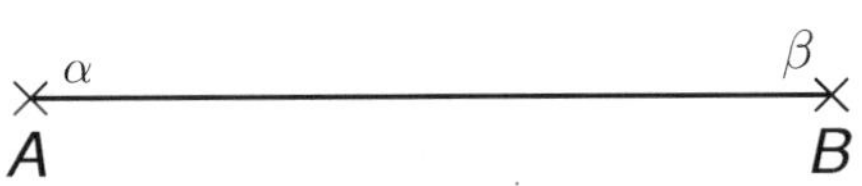

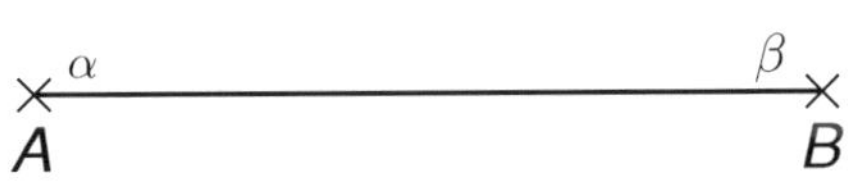

A.4.4. Konstruiere die Mittelsenkrechte zu jeder Dreiecksseite und zeichne den Umkreis.

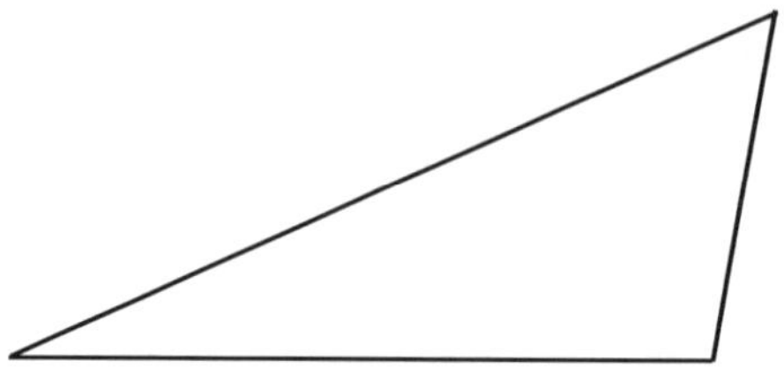

A.4.5. Berechne den Flächeninhalt der zusammengesetzten Flächen.

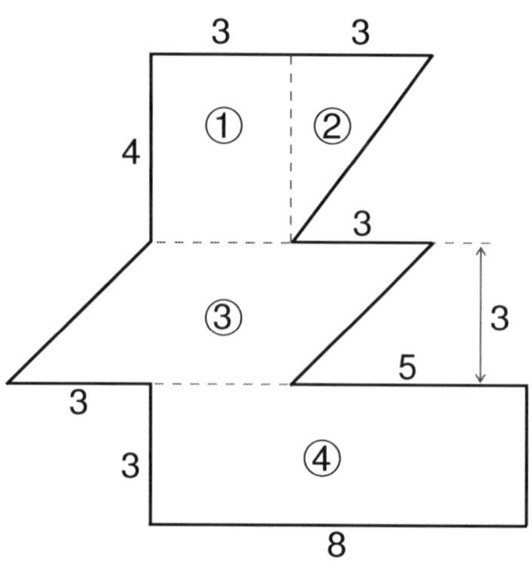

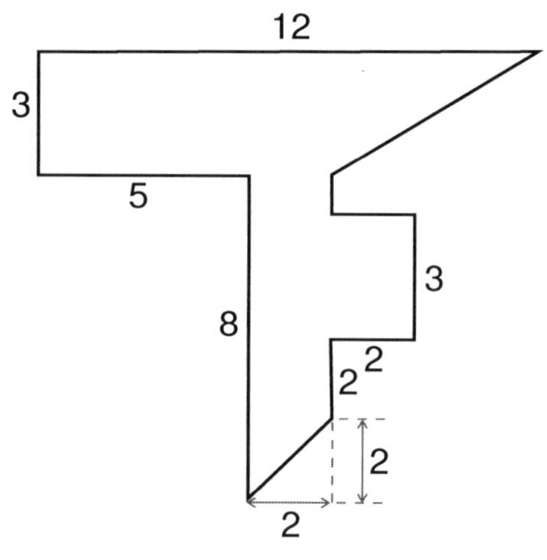

A.4.6. Berechne das Volumen V und die Oberfläche O der Prismen.

a) $a = 4$ cm, $b = 4$ cm, $c = 4$ cm, $\alpha = 90°$

b) $a = 5$ cm, $b = 2$ cm,
$c = 3$ cm, $h_{\text{Grundfläche}} = 1{,}73$ cm,
$\alpha = 60°$

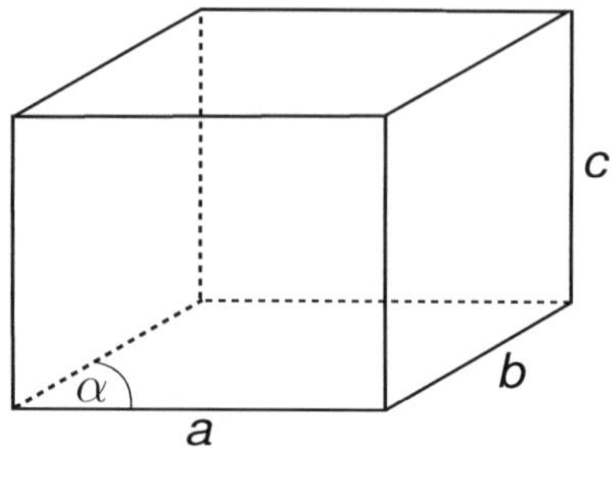

Tipp: Kennzeichne zuerst die Grundfläche G und die Höhe h und berechne anschließend.

5 Rationale Zahlen

Zu den rationalen Zahlen gehören alle ganzen Zahlen $\{\ldots, -2, -1, 0, 1, \ldots\}$ und zusätzlich alle Bruchzahlen wie z.B. $\frac{3}{4}, \frac{5}{7}$ oder $\frac{10}{3}$. Die ganzen Zahlen werden mit den Kommazahlen, die durch Bruchzahlen dargestellt werden können, erweitert, wodurch wir grenzenlos dividieren können.

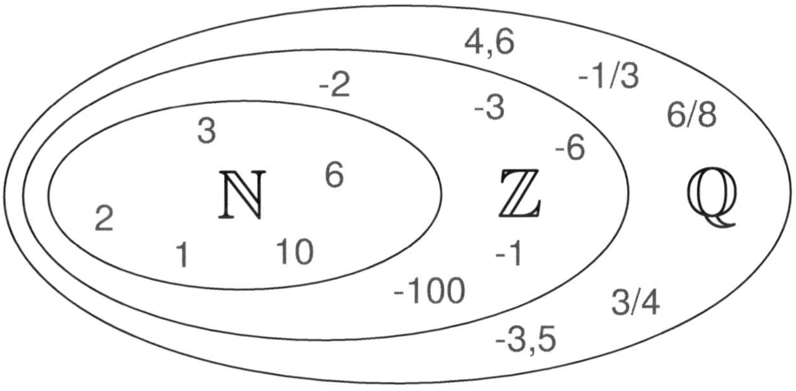

In der Abbildung sind die Zahlenmengen als Ellipsen dargestellt. Die natürlichen Zahlen $\mathbb{N}$ beinhalten alle positiven ganzen Zahlen. Mit der Menge der ganzen Zahlen $\mathbb{Z}$ werden die negativen ganzen Zahlen (z.B. -2) zu den positiven hinzugefügt. Die rationalen Zahlen $\mathbb{Q}$ beinhalten alle positiven und negativen Zahlen und zusätzlich werden die Brüche und Dezimalzahlen dazu genommen.

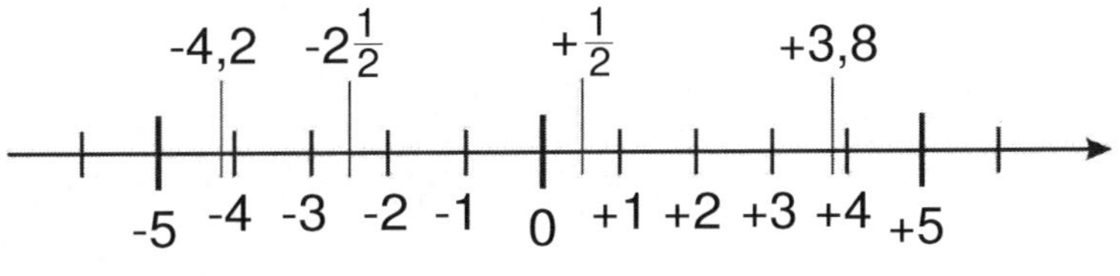

Rationalen Zahlen können alle auf einem Zahlenstrahl dargestellt werden. Links der Null befinden sich die negativen Zahlen und rechts der Null stehen die positiven Zahlen.

5.1 Rechnen mit rationalen Zahlen

Rechnen mit negativen Zahlen (Teil 1)

Rechnen mit negativen Zahlen (Teil 2)

Beispiele

Wie wir auf dem Zahlenstrahlen sehen, können rationale Zahlen sowohl positiv (z.B. +3) als auch negativ (z.B. −3) sein. Beim Addieren oder Subtrahieren müssen wir darauf achten, welches Vorzeichen die Zahl hat. Wenn die Zahl positiv ist, dann wird das Plus (+) vor der Zahl meistens weggelassen. Bei negativen Zahlen wird das Minus (−) aber immer vor die Zahl geschrieben und kann nicht weggelassen werden.

Das Rechnen mit rationalen Zahlen kann mit Hilfe des sogenannten **Betrags** verständlich gemacht werden. Der Betrag einer Zahl wird mit Hilfe von zwei senkrechten Strichen gekennzeichnet und beschreibt den Abstand der jeweiligen Zahl zur 0 (Null). Zum Beispiel:

$|4|$ wird gelesen als: Betrag von 4

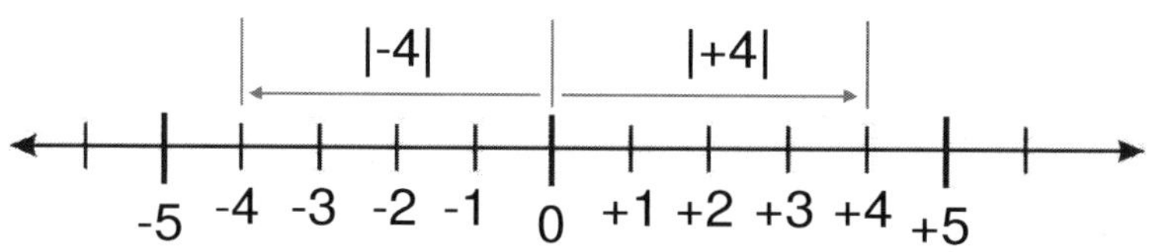

Eine positive Zahl hat mit ihrer Gegenzahl immer den gleichen Betrag, z.B.:

$$|4| = |-4| = 4 \quad \text{oder auch} \quad |-23| = |23| = 23$$

Mit Hilfe des Betrages von Zahlen können wir Rechenregeln für die Addition und Subtraktion rationaler Zahlen formulieren.

Addition:

1. Zwei positive Zahlen werden addiert, indem ihre Beträge addiert werden. Dabei ist das Ergebnis immer positiv, z.B.:

$$7 + 2 = |7| + |2| = 9$$

2. Zwei negative Zahlen werden addiert, indem ihre Beträge addiert werden. Dabei ist das Ergebnis immer negativ, z.B.:

$$(-10) + (-3) = -(|-10| + |-3|) = -(10 + 3) = -13$$

3. Eine positive und eine negative Zahl werden addiert, indem der kleinere der beiden Beträge vom größeren subtrahiert wird. Das Ergebnis erhält das Vorzeichen von der Zahl mit dem größeren Betrag, z.B.:

a) $(-7) + 4 \;=\; -(7-4) \;=\; -3$

b) $4 + (-2) \;=\; 4 - 2 \;=\; 2$

Subtraktion:

Beim Subtrahieren muss sehr genau auf das Vorzeichen geachtet werden.

1. Wenn eine positive Zahl subtrahiert wird, dann muss keine Regeln beachtet werden. Es wird einfach die eine Zahl von der anderen abgezogen, z.B.:

   a) $5 - (+2) = 3$

   b) $(-4) - (+3) = -7$

   c) $3 - (+8) = -5$

2. Wenn eine negative Zahl subtrahiert wird, dann hebt sich das Vorzeichen mit dem Rechenzeichen auf. Aus „Minus Minus" wird Plus, z.B.:

   a) $5 - (-2) = 5 + 2 = 7$

   b) $-4 - (-3) = -4 + 3 = -1$

   c) $-2 - (-12) = -2 + 12 = 10$

Multiplikation und Division:

Beim Multiplizieren und Dividieren von rationalen Zahlen sind zwei Schritte notwendig:

1. Die Beträge der Zahlen werden miteinander multipliziert/dividiert.
2. Das Vorzeichen des Ergebnisses hängt von den Vorzeichen der beiden Zahlen ab. Es ist ...

   ... **positiv**, wenn die Vorzeichen der beiden Zahlen **gleich** sind oder

   ... **negativ**, wenn die Vorzeichen **unterschiedlich** sind.

Minus · Minus = Plus, warum? (Teil 1)

Minus · Minus = Plus, warum? (Teil 2)

Schauen wir uns dazu einige **Beispiele** an:

a) Vorzeichen beide positiv: $2 \cdot 3 = 6$

b) Vorzeichen sind unterschiedlich: $(-2) \cdot 3 = -6$

c) Vorzeichen beide negativ: $(-2) \cdot (-3) = 6$

Wir haben in diesem Abschnitt gelernt, was es für Zahlenmengen gibt, wie sie auf einem Zahlenstrahl abgetragen/abgelesen werden können und wie mit rationalen Zahlen gerechnet werden kann. Um das Gelernte zu vertiefen gibt es nun ein paar Aufgaben.

5.2 Aufgaben

A.5.1. Notiere die eingezeichneten Zahlen in zwei verschiedenen Formen (wie im Beispiel a)) und trage die Zahlen g) bis i) in den Zahlenstrahl ein.

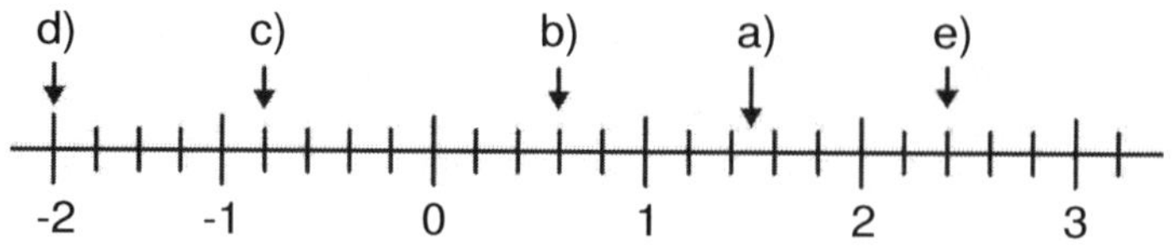

a) $1{,}5 = \frac{3}{2}$ c) ______ e) ______ g) 2,7 i) −0,2

b) ______ d) ______ f) −1,2 h) 0,1 j) −1,9

A.5.2. Bestimme den Betrag.

a) $|-4| =$ ______

b) $|3| =$ ______

c) $|-11| =$ ______

d) $|-23{,}7| =$ ______

e) $|17{,}125| =$ ______

f) $|-38{,}23| =$ ______

g) $|-43{,}34| =$ ______

h) $|-99{,}19| =$ ______

A.5.3. Berechne die folgenden Terme.

a) $8 - |-4| =$ ______

b) $|2| - 1 =$ ______

c) $5 - |-10| =$ ______

d) $7 + |-23| =$ ______

e) $5 - (-3) =$ ______

f) $7 + (-3) - 1 =$ ______

g) $-10 - (-5) - 2 =$ ______

h) $2 + 2 - (-2) + (+2) - 2 =$ ______

6 Terme

Terme? Wozu benötigen wir eigentlich Terme?
Hast du dir diese Frage schon mal gestellt?

Terme sind Rechenausdrücke, bei denen wir einige Werte noch nicht kennen, sie aber herausfinden möchten. Wir setzen dann einfach Buchstaben (auch Variablen genannt) als „Platzhalter“ an die unbekannte Stelle ein und können dann mit den bekannten Rechenregeln die Lösung berechnen.

Was ist ein Term?

6.1 Terme aufstellen und berechnen

Schauen wir uns dazu einfach direkt mal ein **Beispiel** an. Wir möchten den Umfang U eines Rechtecks bestimmen, bei dem die Seitenlängen 4cm und 2cm betragen.

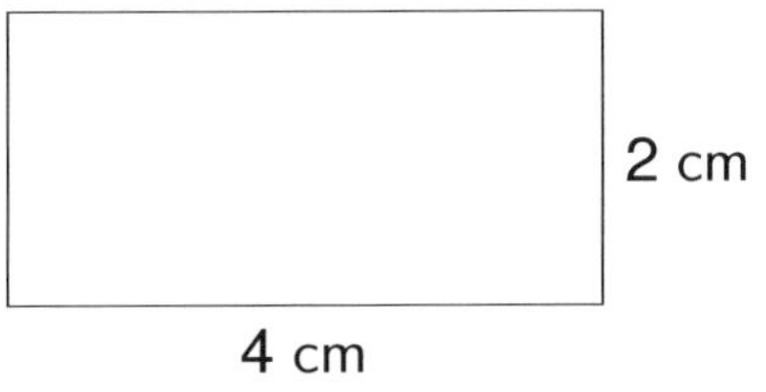

Für den Umfang eines Rechtecks müssen wir alle Seiten addieren. Da in diesem Beispiel alle Zahlenwerte gegeben sind, erhalten wir als Lösung:

$$U = 4\text{ cm} + 4\text{ cm} + 2\text{ cm} + 2\text{ cm} = 2 \cdot 4\text{ cm} + 2 \cdot 2\text{ cm} = 8\text{ cm} + 4\text{ cm} = 12\text{ cm}$$

Wenn die Seitenlängen aber nicht bekannt sind, können wir einen Term mit Variablen aufstellen. Variablen sind, wie oben bereits beschrieben wurde, Platzhalter für die gesuchten Werte.

Nehmen wir an, wir möchten ganz allgemein einen Term für den Umfang eines Rechtecks aufstellen, bei dem gar kein Zahlenwert gegeben ist. Mit U für den

Umfang, a für eine Seite des Rechtecks und b für die andere Seite des Rechtecks erhalten wir also

$$U = a + a + b + b$$

Wie wir bereits festgestellt haben, besteht der Umfang zweimal aus der Seite a und zweimal aus der Seite b. Den Term können wir also auch einfacher schreiben, denn $a + a = 2 \cdot a$.

Umfang eines Rechtecks:

$$U = 2 \cdot a + 2 \cdot b$$

Wenn wir nun die Werte für a und b einsetzen, kommen wir auf das richtige Ergebnis. Aus dem obigen Beispiel folgt dann:

$$U = 2 \cdot 4 \text{ cm} + 2 \cdot 2 \text{ cm} = 12 \text{ cm} \checkmark$$

Das Geniale an den Termen ist, dass wir jetzt auch einfach andere Werte einsetzen können. Schauen wir uns dazu noch ein weiteres **Beispiel** an.

Wie groß ist der Umfang eines Rechtecks mit den Seitenlängen $a = 3$ cm und $b = 1{,}5$ cm?

$$\begin{aligned} U &= 2 \cdot a + 2 \cdot b \\ &= 2 \cdot 3 \text{ cm} + 2 \cdot 1{,}5 \text{ cm} \\ &= 6 \text{ cm} + 3 \text{ cm} = 9 \text{ cm} \end{aligned}$$

Zum Abschluss schauen wir uns jetzt noch ein auf den ersten Blick schwierigeres **Beispiel** an. Wir möchten den Umfang von diesem Vieleck bestimmen, bei denen benachbarte Seiten senkrecht aufeinander stehen. Im ersten Schritt ergänzen wir alle fehlenden Seitenangaben in der Abbildung und bestimmen dann mittels eines Terms den Umfang. Hinweis: Die Seitenangaben sind in cm.

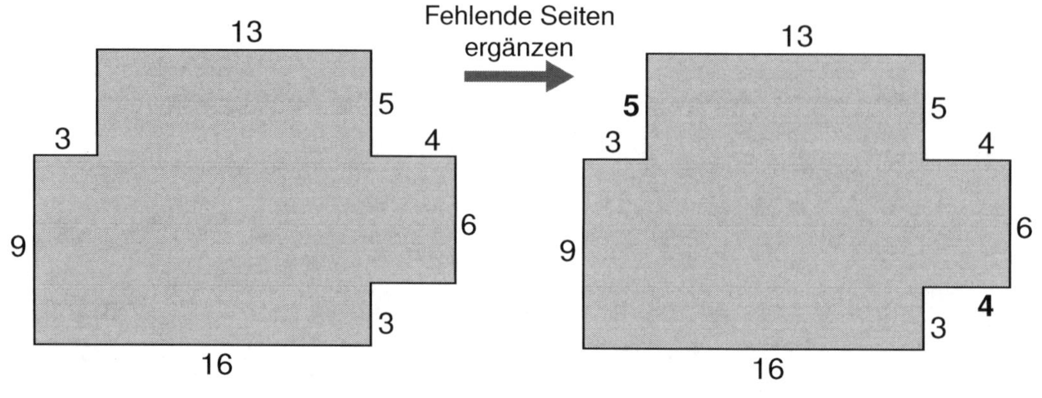

Der Umfang der Figur beträgt

$$U = 16 + 3 + 4 + 6 + 4 + 5 + 13 + 5 + 3 + 9 = 68 \text{ cm}.$$

6.2 Terme vereinfachen

Beim Rechnen mit Termen benutzen wir Variablen, wie wir bereits im vorherigen Abschnitt gelernt haben. Wenn in einem Term mehrmals der gleiche Buchstabe auftaucht, können wir die Buchstaben zusammenfassen und den Term dadurch vereinfachen. Im Folgenden schauen wir uns an, was für Möglichkeiten es gibt, Terme zu vereinfachen.

Vereinfachen durch Addition

In dem Term

$$a + b + a + c + a + b$$

befindet sich dreimal der Buchstabe a, zweimal der Buchstabe b und einmal der Buchstabe c. Der vereinfache Term lautet:

$$a + b + a + c + a + b = 3 \cdot a + 2 \cdot b + c$$

Vereinfachen durch Subtraktion

Die Variablen können wir nicht nur addieren, sondern auch subtrahieren. Der folgende Term lässt sich mit Addition und Subtraktion wie folgt vereinfachen:

$$2 \cdot a + b - a + c + b - c = 2 \cdot a - a + b + b + c - c = a + 2 \cdot b$$

Aus $2 \cdot a - 1 \cdot a$ wird $1 \cdot a$, wobei wir die 1 weglassen können um Schreibarbeit zu sparen. Aus $1 \cdot c - 1 \cdot c$ wird $0 \cdot c$ und das ist gleich 0 (Null), so dass der c-Anteil aus diesem Term verschwindet.

Produkte vereinfachen

Terme können auch vereinfacht werden, wenn Produkte auftauchen (also irgendwas wird multipliziert). Die Buchstaben werden wie bei Zahlenwerten zusammengefasst, wobei wir darauf achten müssen, dass wir immer die gleichen Buchstaben miteinander zusammenfassen. Schauen wir uns dazu den Term

Multiplizieren mit Zahlen und Buchstaben

$$4 \cdot a \cdot c \cdot b \cdot (-c) \cdot 3$$

an. Die gleichen Buchstaben können zusammengefasst werden, also wird aus $c \cdot c = c^2$, denn auch bei den Zahlen ist ja $3 \cdot 3 = 3^2$. Wichtig ist, das Zahlen mit Zahlen zusammengefasst werden und Buchstaben mit Buchstaben. Dann lautet der vereinfachte Term:

$$4 \cdot a \cdot c \cdot b \cdot (-c) \cdot 3 = -12 \cdot a \cdot b \cdot c^2$$

Den Term können wir sogar noch ein kleines Stück vereinfachen, denn Mathematiker sind meistens Sparfüchse: Sie sparen überall, wo es geht und deswegen lassen sie zwischen den Buchstaben das Mal-Zeichen weg:

$$-12 \cdot a \cdot b \cdot c^2 = -12abc^2$$

Klammerterme auflösen

Klammer auflösen

Manchmal kommt es vor, dass wir in einem Term einen zusätzlichen Klammerterm haben. Das sollte für uns aber kein Problem darstellen, denn bei den Klammerausdrücken gibt es ein paar Tricks, mit denen wir jede Klammer auflösen können. Schauen wir uns dazu wieder ein paar **Beispiele** an.

$$3 \cdot (2x + 4)$$

In diesem Beispiel haben wir einen Klammerausdruck $(2x + 4)$, welcher mit einer Zahl 3 multipliziert wird. Wir merken uns:

Die Zahl oder der Ausdruck, der vor der Klammer steht, wird mit jedem Summanden einzeln multipliziert.

$$3 \cdot (2x + 4) \quad \Leftrightarrow \quad = 3 \cdot 2x + 3 \cdot 4$$
$$= 6x + 12$$

Auch wenn vor dem Klammerausdruck ein Buchstabe oder eine negative Zahl steht, befolgen wir die Regel und multiplizieren jeden Summanden einzeln mit der Zahl vor der Klammer:

$$3a \cdot (2x + 4) = 3a \cdot 2x + 3a \cdot 4$$
$$= 6ax + 12a$$

Bei einer Multiplikation von zwei Klammern sieht die Regel ähnlich aus:

Jeder Summand aus der ersten Klammer wird mit jedem Summanden aus der zweiten Klammer multipliziert.

$$(2 + 4x) \cdot (3y + 5) \quad \Leftrightarrow \quad = 2 \cdot 3y + 2 \cdot 5 + 4x \cdot 3y + 4x \cdot 5$$
$$= 6y + 10 + 12xy + 20x$$

Der erste Summand der ersten Klammer ist 2 und wird als erstes mit $3y$ und als zweites mit 5 multipliziert. Anschließend wird der zweite Summand der ersten Klammer $4x$ mit $3y$ und mit 5 multipliziert. Nachdem wir alles ausmultipliziert haben, können wir den Term noch entsprechend vereinfachen.

Binomische Formeln

Binomischen Formeln, Liebling aller Schüler, sind besondere Klammerausdrücke, bei denen immer spezielle Regeln angewendet werden können:

1. binomische Formel: $(a+b)^2 = a^2 + 2ab + b^2$

2. binomische Formel: $(a-b)^2 = a^2 - 2ab + b^2$

3. binomische Formel: $(a+b)\cdot(a-b) = a^2 - b^2$

Aber wo kommen diese seltsamen binomischen Formeln eigentlich her?
Wir werden dir an dieser Stelle kurz mathematisch erklären, wieso die binomischen Formeln genauso aussehen, wie wir sie im Matheunterricht kennenlernen und auswendig können müssen:

1. binomische Formel:

   Wenn wir den Ausdruck $(a+b)^2$ ausschreiben, bekommen wir einen Term mit zwei Klammern, die multipliziert werden. Wie wir zwei Klammern multiplizieren, haben wir bereits kennengelernt. Es folgt also:

   $$(a+b)^2 = (a+b)\cdot(a+b) = a\cdot a + a\cdot b + b\cdot a + b\cdot b$$

   Ausformuliert bekommen wir vier Summanden, von denen wir die Mittleren zusammenfassen können, denn $ab = ba$. Mit $a\cdot a = a^2$ und $b\cdot b = b^2$ kommen wir zu unserer binomischen Formel:

   $$= a\cdot a + 2a\cdot b + b\cdot b = \underbrace{a^2 + 2ab + b^2}_{=(a+b)^2}$$

1. binomische Formel

2. binomische Formel:

   Bei der 2. binomischen Formel gehen wir genauso vor wie bei der 1. binomischen Formel. Probiere es doch einfach mal selber aus!

3. binomische Formel:

   Wir multiplizieren den Ausdruck $(a+b)\cdot(a-b)$ mit den uns bekannten Regeln aus.

   $$(a+b)\cdot(a-b) = a\cdot a - a\cdot b + b\cdot a - b\cdot b$$

   Die Ausdrücke $(-a\cdot b)$ und $(+b\cdot a)$ werden Null, denn auch hier gilt wieder: $ab = ba$. Mit $a\cdot a = a^2$ und $b\cdot b = b^2$ kommen wir zu unserer binomischen Formel:

   $$= a\cdot a - b\cdot b = \underbrace{a^2 - b^2}_{=(a+b)\cdot(a-b)}$$

2. binomische Formel

3. binomische Formel

Binomische Formeln anwenden

Ausmultiplizieren mit Binomen

Die binomischen Formeln können nur angewendet werden, wenn die Ausdrücke auch wirklich so aussehen wie in den binomischen Formeln. Besonders bei der 3. binomischen Formel werden oft Fehler gemacht. Wir schauen uns im Folgenden einige Ausdrücke an und entscheiden, ob und welche binomische Formel verwendet werden kann.

- $(2x + y)^2 \rightarrow$ Hier kann die 1. binomische Formel angewendet werden.
- $(-2x - y)^2 \rightarrow$ Hier kann die 2. binomische Formel angewendet werden.
- $(2x + y) \cdot (2x - y) \rightarrow$ Hier kann die 3. binomische Formel angewendet werden.

Wie erkennen wir, wann die binomischen Formeln angewendet werden kann?

Wir stellen uns vor, dass die Buchstaben a und b nur „Platzhalter" sind. An der Stelle der Buchstaben können wir alles einsetzen. Wir müssen nur darauf achten, dass jedes a gleich ist und jedes b. Also wird bei einem Buchstaben immer der gleiche Ausdruck eingesetzt. Wenn wir den Term

$$(a + b)^2$$

anschauen, können wir für $a = 2x$ und $b = 5$ einsetzen und bekommen für die 1. binomische Formel folgenden Term:

$$(2x + 5)^2$$

Abwandlungen erkennen

Die Buchstaben haben wir einfach mit den Ausdrücken ersetzt. Wenn wir also solche Ausdrücke in unseren Aufgaben finden, dann können wir einfach kontrollieren, ob das Muster der binomischen Formeln passt.

- $(2x + y)^2 \rightarrow$ 1. binomische Formel, denn $a = 2x$, $b = y$ und ein Plus in der Mitte
- $(-2x - y)^2 \rightarrow$ 2. binomische Formel, denn $a = -2x$, $b = y$ und ein Minus in der Mitte
- $(2x + y) \cdot (2x - y) \rightarrow$ 3. binomische Formel, denn $a = 2x$, $b = y$ und eine Klammer mit einem Minus und die andere Klammer mit einem Plus

Wenn wir uns hingegen den Ausdruck

$$(2 + y) \cdot (2x - y)$$

anschauen, könnte man meinen: Ach klar, die 3. binomische Formel gilt hier. Aber hier darf die 3. binomische Formel **nicht** angewendet werden. Warum? Denn die Vorgabe lautet: $(a+b) \cdot (a-b)$. Allerdings ist das a in der ersten Klammer eine 2 und in der zweiten Klammer ein $2x$! Wir müssen also die Regeln für die Multiplikation von zwei Kammern anwenden.

6.3 Aufgaben

A.6.1. Berechne die Terme für bestimmte y-Werte.

a) $3y + 5$

- $y = 4 \rightarrow 3 \cdot 4 + 5 = 17$
- $y = 3 \rightarrow$
- $y = 2{,}5 \rightarrow$
- $y = 1 \rightarrow$

b) $(y + 3)^2$

- $y = 3 \rightarrow$
- $y = 10 \rightarrow$
- $y = 2{,}5 \rightarrow$
- $y = 1 \rightarrow$

A.6.2. Otto fährt mit dem Taxi nach Hause, Der Taxifahrer verlangt eine Grundgebühr von 5,00 Euro und pro gefahrenen Kilometer 50 Cent.

a) Stelle einen Term auf, der den Preis der Taxifahrt für x gefahrene km bestimmt.

b) Wie viel muss Otto zahlen, wenn er

- $x = 5$ km
- $x = 10$ km
- $x = 17$ km

fährt?

A.6.3. Vereinfache die folgenden Ausdrücke.

a) $a + b + c + b + a$

b) $2a - a + b$

c) $a \cdot (a - 2b + c) - a \cdot c + b \cdot b$

d) $2 \cdot (3 + a) - a \cdot b$

e) $(3 + x) \cdot (2 - y)$

f) $x \cdot y \cdot x \cdot 2 + yx^2$

A.6.4. Vereinfache die folgenden Ausdrücke mit binomischen Formeln.

a) $9 + 6a + a^2$

b) $a \cdot (a - 2b + c) - ac + b \cdot b$

c) $30 - 18x + x \cdot x + 51$

d) $(11x - 2) \cdot (4 + 11x - 2)$

Notizen

7 Funktionen

7.1 Was ist eine Funktion?

Eine Funktion ist eine eindeutige Zuordnung, die jedem Element x aus der Menge X (auch Definitionsbereich genannt) ein Element y einer Menge Y (auch Wertebereich genannt) zuordnet.

Was ist eine Funktion?

Schauen wir uns dazu die Funktion

$$y = 2x + 3$$

an. Den Graph zu dieser Funktion sehen wir in der nebenstehenden Abbildungen.

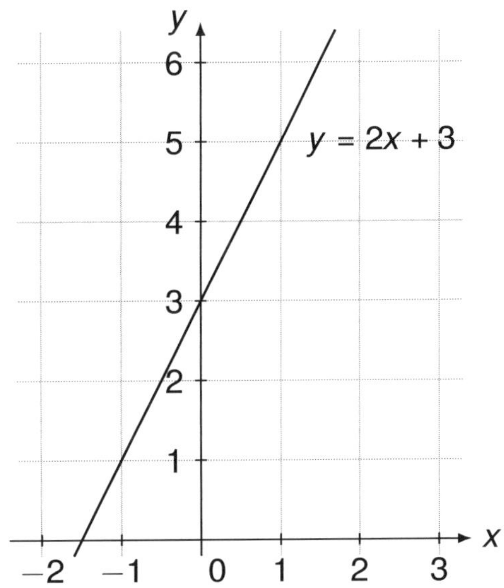

Funktionen sehen meistens so aus, dass auf der einen Seite des Gleichheitszeichens ein y oder ein $f(x)$ steht und auf der anderen Seite ein Term, wie auch in unserem Beispiel.

Was bedeutet aber überhaupt *Zuordnung*?
Wird für das x ein Zahlenwert eingesetzt, erhalten wir einen ganz bestimmten y-Wert. Dadurch hat jeder x-Wert einen zugewiesenen y-Wert, wodurch eine Beziehung zwischen den x- und den y-Werten besteht, z.B.:

Zuordnung

- Wenn wir $x = 1$ in unsere Beispiel-Funktion einsetzen, dann folgt für den dazugehörigen y-Wert: $y = 2 \cdot 1 + 3 = 5$.
- Bei $x = 2$ folgt $y = 7$, bei $x = 3$ folgt $y = 9$ und so weiter...

Jedem x-Wert wird ein eindeutiger y-Wert zugewiesen.

In einer Wertetabelle können wir die ausgerechneten Punkte zusammenfassen:

x	-1	0	1	2	3
y	1	3	5	7	9

In ein Koordinatensystem könnten wir also die Punkte $A(0|3)$, $B(1|5)$ und $C(2|7)$ eintragen, und wenn wir die Punkte miteinander verbinden entsteht der Graph unserer Funktion. Alle Punkte, die zu unserer Funktion gehören, liegen auf dieser Geraden.

7.2 Funktionen bestimmen

Wir haben jetzt eine Vorstellung davon, was Funktionen überhaupt sind. Als Nächstes schauen wir uns an, wie wir Funktionen aufstellen und bestimmen können. Einige Funktionen hast du bereits kennengelernt, ohne dass du es wusstest: die **proportionalen Funktionen**.

Proportionale Funktionen

Proportionale Funktion

Wie schon im Kapitel 3.1 beschrieben wurde, liegt bei Produkten im Supermarkt eine proportionale Zuordnung vor. Aus diesen proportionalen Zuordnungen können wir Funktionen aufstellen. Schauen wir uns dazu wieder ein Supermarkt-Beispiel an.

Daniel möchte im Supermarkt 5 kg Bananen kaufen. Der Preis ist aber nur für 2 kg Bananen angegeben: 1,80 Euro. Woher weiß Daniel, wie viel Geld er für 5 kg Bananen bezahlen muss?

Im ersten Schritt stellen wir eine Tabelle auf und berechnen in einem Zwischenschritt den Preis für 1 kg Bananen. Anschließend können wir dann auf 5 kg hochrechnen.

Bananen (kg)	**Preis (Euro)**
2	1,8
1	0,9
5	4,5

Mit Hilfe der proportionalen Zuordnung können wir ganz einfach den Preis für 5 kg Bananen bestimmen: Daniel muss 4,50 Euro bezahlen.

Aber wie sieht es aus, wenn wir mehrere verschiedene Preise wissen wollen? Wir können dafür eine Funktion aufstellen und anschließend für den x-Wert verschiedene Werte eingeben. Da der Preis abhängig von der Menge ist, die wir kaufen wollen, folgt:

$$y = 0{,}9 \cdot x$$

x ist dabei die Anzahl in kg und y gibt den Preis an. Hier ist nochmal eine zusammengefasste Anleitung:

Vorgehen zur Berechnung:

1. Schreibe die bekannte Zuordnung in eine Tabelle.
2. Berechne den Preis für eine Einheit.
3. Bestimme den Preis für x Einheiten.
4. Notiere die Funktionsgleichung.

Bananen (kg)	**Preis (Euro)**
2	1,8
1	0,9
x	$x \cdot 0{,}9$

$$\Rightarrow y = x \cdot 0{,}9$$

Proportionale Funktion darstellen

Allgemeine Form einer proportionalen Funktion:

$$y = m \cdot x$$

m gibt die Steigung der Geraden an. Wenn m größer ist als 0, steigt die Gerade, wenn m kleiner 0 ist, fällt die Gerade.

In diesem Beispiel ist die Steigung $m = 2$.

Das bedeutet anschaulich, das wir im Koordinatensystem eine Einheit nach rechts und zwei Einheiten nach oben „wandern".

In der nebenstehenden Abbildung ist das mittels der gestrichelten Linie und der fettgedruckten Zahlen deutlich gemacht.

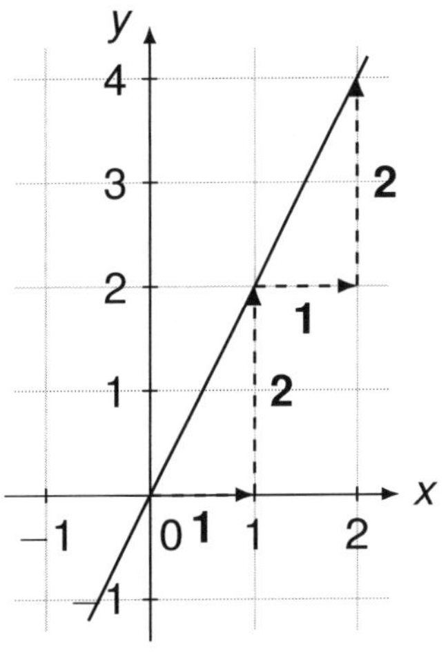

Natürlich ist es auch möglich, dass die Steigung negativ ist. In diesem Fall fällt die Gerade. Als Anwendungsbeispiel dient häufig das Zimmer aufräumen. Wenn Daniel sein Zimmer aufräumen muss, dauert es 20 Minuten. Wenn ihm sein Bruder hilft, halbiert sich die Zeit, da jetzt zwei Leute das Zimmer aufräumen u.s.w.

In diesem Beispiel ist die Steigung $m = -1$.

Das bedeutet anschaulich, das wir im Koordinatensystem eine Einheit nach rechts und eine Einheiten nach unten „wandern“.

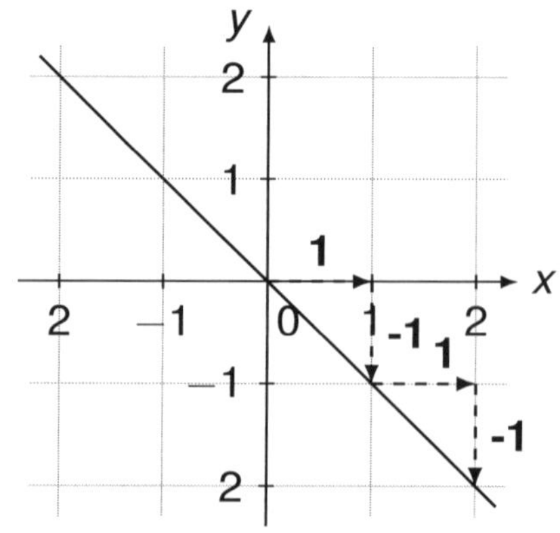

Alle proportionalen Funktionen verlaufen durch den Ursprung und heißen deswegen auch Ursprungsgeraden.

Beim Zeichnen dieser Funktionen haben wir also immer schon einen Punkt (0|0) gegeben und müssen nur noch einen zweiten bestimmen, damit wir den Graphen einzeichnen können.

Vorgehen: Graphen zeichnen

1. Markiere den Ursprung.
2. Bestimme einen zweiten Punkt. ($x = 1$ ist meistens sehr leicht zu bestimmen.)
3. Zeichne die Gerade durch den Ursprung und den errechneten Punkt.

7.3 Lineare Funktionen

Übersicht

Basics

Achsenschnittpunkte

Lineare Funktionen unterscheiden sich nur gering von den proportionalen Funktionen. Die proportionalen Funktionen sind spezielle lineare Funktionen, denn sie gehen immer durch den Ursprung, so dass gilt: $b = 0$. Aber was ändert sich, wenn $b \neq 0$ ist?

Allgemeine Gleichung einer linearen Funktion:

$$y = m \cdot x + b$$

Die Variable b wird auch y-Achsenabschnitt genannt. Der y-Achsenabschnitt bestimmt die Höhe, in der die Gerade die y-Achse schneidet. Bei proportionalen Funktionen liegt immer ein Schnittpunkt mit der y-Achse im Ursprung.

Für die Berechnung des y-Achsenabschnitts wird im Allgemeinen einfach der x-Wert in der Funktionsgleichung gleich 0 gesetzt. Dann erhalten wir mit $y = m \cdot 0 + b = b$ einen Punkt $P(0|b)$. Bei linearen Funktionen ist es sogar noch einfacher, denn da können wir den b direkt ablesen (das ist einfach die Zahl ohne x).

Betrachten wir die Funktion

$$y = -2x + 4$$

, dann fällt uns auf, dass die Steigung negativ ist ($m = -2$) und der Graph die y-Achse im Punkt $b = 4$ schneidet.

Wenn der y-Wert berechnet werden soll, setzen wir $x = 0$ in die Gleichung ein und erhalten:

$$y = -2 \cdot 0 + 4 = 4$$

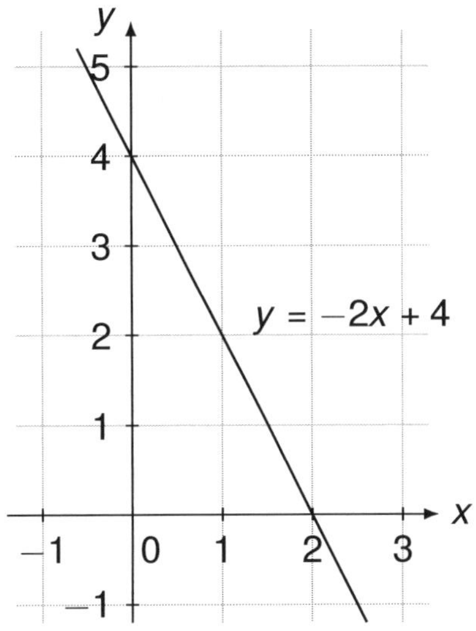

Lineare Funktionen bestimmen

Die allgemeine Form linearer Funktionen haben wir bereits kennengelernt. In diesem Abschnitt schauen wir uns an, wie wir lineare Funktionen im Anwendungsfall bestimmen.

Steigungsdreieck (Teil 1)

Steigungsdreieck (Teil 2)

Beispiel mit Kerze

Beispiel: Für seinen Handyvertrag zahlt Peter eine Grundgebühr von 3,00 Euro und für jede SMS zahlt er 0,1 Euro. Stelle eine Funktionsgleichung auf.

Auch hierbei ist es sinnvoll, zunächst eine Tabelle anzulegen und die gegebenen Informationen zu ordnen. Die Anzahl der versendeten SMS sei x und y sind die monatlichen Gesamtkosten für den Handyvertrag.

Kosten pro SMS	0,1
Gesamtkosten ohne Grundgebühr	$x \cdot 0{,}1$
Gesamtkosten mit Grundgebühr	$x \cdot 0{,}1 + 3$

Neben den variablen Kosten, die Peter für den SMS-Versand zahlen muss, fällt noch eine fixe Grundgebühr pro Monat an. Also hat Peter auch Kosten, wenn er keine SMS verschickt und zwar in Höhe von 3 Euro. Damit haben wir auch direkt unseren y-Achsenabschnitt gefunden ($b = 3$).

Demnach lautet die gesuchte Funktionsgleichung:

$$y = 0{,}1x + 3$$

Der zugehörige Graph der Funktion sieht folgendermaßen aus:

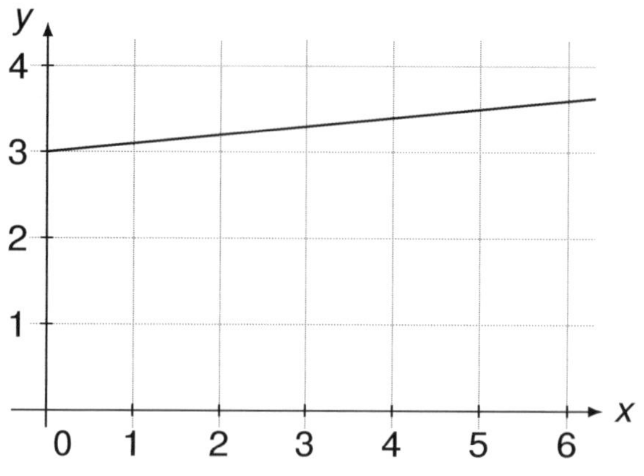

Am Graphen können wir den Zusammenhang zwischen den versendeten SMS und den Gesamtkosten gut erkennen. Verschickt Peter keine SMS, also $x = 0$, dann ist $y = 3$, er zahlt also 3 Euro. Pro verschickter SMS steigen die monatlichen Kosten an, weshalb die Steigung auch positiv ist.

Vorgehen: Lineare Funktionen bestimmen

1. Funktionsvorschrift bestimmen.
2. Tabelle anlegen.
3. Funktionsgleichung notieren.

Das Vorgehen für die Darstellung der linearen Funktionen ähnelt sehr der Darstellung von proportionalen Funktionen.

Lineare Funktion zeichnen

Vorgehen: Graphen zeichnen

1. Markiere den ersten bekannten Punkt, entweder
   - den Ursprung bei proportionalen Funktionen oder
   - den Punkt $P(0|b)$ bei linearen Funktionen.
2. Bestimme einen zweiten Punkt. (Tipp: $x = 1$ ist leicht zu bestimmen.)
3. Zeichne eine Gerade, die durch beide Punkte läuft.

7.4 Aufgaben

A.7.1. Vervollständige die Tabelle, zeichne auf Grundlage der Wertetabelle den dazugehörigen Graphen und bestimme die Funktion vom Graphen.

Milch (Liter)	1	2	3	4	5	6	10	15
Kosten (Euro)		0,90						

A.7.2. Zeichne den Graph der Funktion $y = 0{,}5x + 5$.

A.7.3. Stelle die Funktionen folgender Graphen auf. Handelt es sich um proportionale Funktionen?

a)

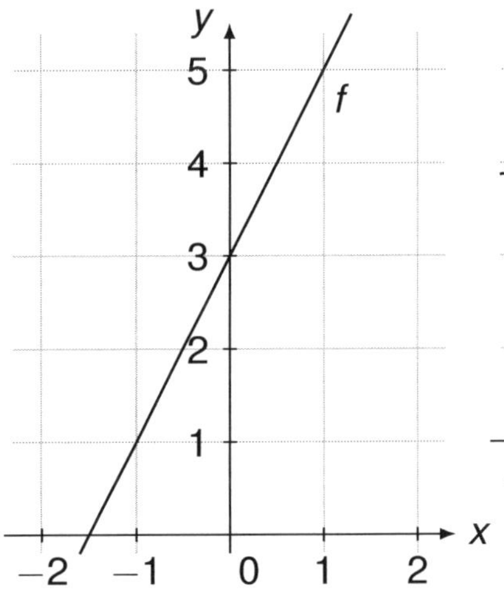

b)

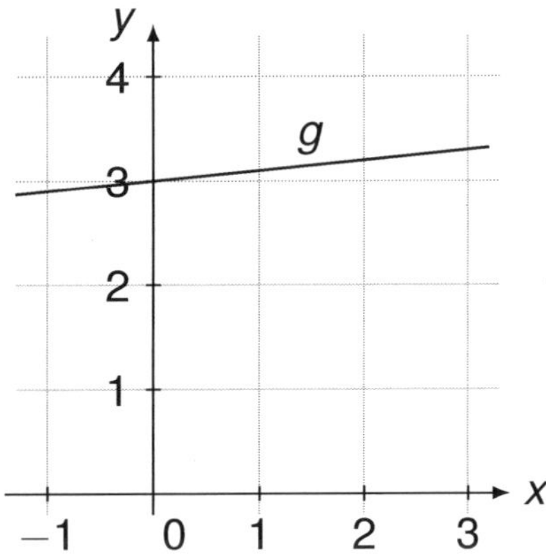

c)

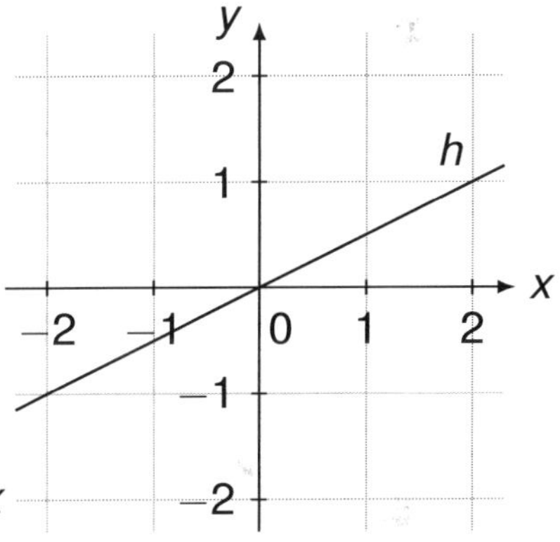

Notizen

8 Gleichungen und Ungleichungen

Bei Gleichungen haben wir immer einen Ausdruck mit einem Gleichheitszeichen in der Mitte, welches beide Seiten miteinander verbindet. Die folgende Gleichung:

$$25 + x = 4x + 7$$

Unterschied Term und Gleichung

hat ein Gleichheitszeichen in der Mitte und verbindet den linken und den rechten Term miteinander. Das Gleichheitszeichen sagt aus, dass der linke Term genauso groß sein muss wie der rechte Term.

Um herauszufinden, welche Zahl wir für x einsetzen müssen, damit auf beiden Seiten die gleiche Zahl steht, setzen wir einfach verschiedene Werte für x nacheinander ein. Bei einer Gleichung wie dieser ist es kein großer Aufwand, verschiedene Zahlen auszuprobieren und so relativ schnell eine Lösung zu finden. Bei komplizierten Gleichungen müssen sogenannte **Äquivalenzumformungen** ($\Leftrightarrow$) angewendet werden, damit die Lösung gefunden wird.

8.1 Äquivalenzumformungen

Bei einer Äquivalenzumformung bleibt die Lösungsmenge der Gleichung unverändert. Das bedeutet, dass wir nur das „Aussehen" der Gleichung verändern. Nehmen wir mal die Gleichung von oben:

$$25 + x = 4x + 7$$

Möchten wir für x eine Lösung finden, sollte x am Ende der Umformungen allein auf einer Seite stehen. Im Idealfall steht dann eine Zahl allein auf der anderen Seite: $x = \ldots$.

Gleichungen lösen

Wenn wir die Gleichung aus unserem Beispiel umstellen möchten, sollten wir zunächst alle Ausdrücke mit einem x nach links bringen. Das schaffen wir, in dem wir $-4x$ auf beiden Seiten der Gleichungen rechnen. Da wir auf **beiden** Seiten

$-4x$ rechnen, bleibt die Lösungsmenge unverändert!

$$\begin{aligned} 25 + x &= 4x + 7 \qquad \mid -4x \\ \Leftrightarrow \quad 25 + x - \mathbf{4x} &= 4x + 7 - \mathbf{4x} \\ \Leftrightarrow \quad 25 - 3x &= 7 \end{aligned}$$

Der Umformungsschritt wird immer rechts neben der Gleichung hinter einem senkrechten Strich aufgeschrieben, damit jeder nachvollziehen kann, wie die Gleichung in diesem Schritt umgeformt wird. In diesem Fall also $\mid -4x$. Nachdem wir alles mit x zusammengefasst haben, sollten wir jetzt alle Zahlen ohne x auf der anderen Seite sammeln. Dafür subtrahieren wir die 25 auf beiden Seiten und erhalten:

$$\begin{aligned} 25 - 3x &= 7 \qquad \mid -25 \\ \Leftrightarrow \quad 25 - 3x - \mathbf{25} &= 7 - \mathbf{25} \\ \Leftrightarrow \quad -3x &= -18 \end{aligned}$$

Jetzt haben wir auf der linken Seite einen Term mit einem x und auf der rechten Seite nur eine Zahl. Um herauszufinden, wie groß x sein muss, müssen wir die Gleichung mit (-3) beidseitig dividieren:

$$\begin{aligned} -3x &= -18 \quad \mid :(-3) \\ \Leftrightarrow \quad \tfrac{-3x}{-3} &= \tfrac{-18}{-3} \\ \Leftrightarrow \quad x &= 6 \end{aligned}$$

Die letzte Umformung hat dazu geführt, dass wir die Lösung für x herausgefunden haben. Oft ist es noch erforderlich, das Ergebnis zu kontrollieren. Dafür setzen wir das Ergebnis $x = 6$ einfach in die ursprüngliche Gleichung ein:

$$\begin{aligned} 25 + \overbrace{6}^{=x} &= 4 \cdot \overbrace{6}^{=x} + 7 \\ \Leftrightarrow \quad 31 &= 31 \quad \checkmark \end{aligned}$$

Wenn nach dem Einsetzen auf beiden Seiten das Gleiche steht, bestätigt die Kontrolle unser Ergebnis. Somit ist die Lösung wirklich $x = 6$.

Äquivalenzumformungen bei Gleichungen im Überblick

- **beidseitige Addition**

$$\begin{aligned} x-5 &= 5 \quad &|+5 \\ \Leftrightarrow\ x-5+5 &= 5+5 \\ \Leftrightarrow\ x &= 10 \end{aligned}$$

- **beidseitige Subtraktion**

$$\begin{aligned} 3+x &= 8 \quad &|-3 \\ \Leftrightarrow\ 3+x-3 &= 8-3 \\ \Leftrightarrow\ x &= 5 \end{aligned}$$

- **beidseitige Multiplikation**

$$\begin{aligned} \tfrac{1}{2}x &= 4 \quad &|\cdot 2 \\ \Leftrightarrow\ \tfrac{1}{2}x\cdot 2 = &= 4\cdot 2 \\ \Leftrightarrow\ x &= 8 \end{aligned}$$

- **beidseitige Division** ($\neq 0$)

$$\begin{aligned} 2x &= 12 \quad &|:2 \\ \Leftrightarrow\ \tfrac{2x}{2} &= \tfrac{12}{2} \\ \Leftrightarrow\ x &= 6 \end{aligned}$$

Gleichungen als Formeln nutzen

Wir können Gleichungen bei der Berechnung von Formeln sehr gut nutzen. Schauen wir uns das anhand eines **Beispiels** an.

Berechne die Höhe des Trapezes. Gegebene Werte: Flächeninhalt $A = 8\ \mathrm{m}^2$, Grundseite $a = 5$ m und Seite $c = 3$ m.

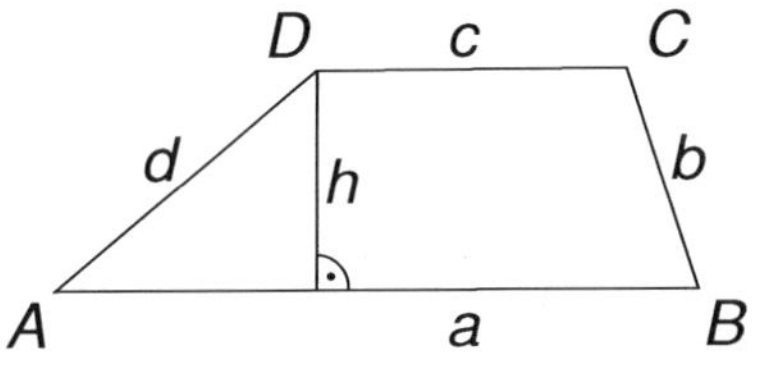

1. Flächenformel für Trapez: $A = \frac{(a+c)}{2}\cdot h$
2. Formel nach der gesuchten Variablen h umstellen:

$$\begin{aligned} A &= \tfrac{(a+c)}{2}\cdot h \quad &|\cdot 2 \\ \Leftrightarrow\ 2\cdot A &= (a+c)\cdot h \quad &|:(a+c) \\ \Leftrightarrow\ \tfrac{2\cdot A}{(a+c)} &= h \end{aligned}$$

3. Gegebene Werte einsetzen und ausrechnen:

$$h = \frac{2\cdot A}{(a+c)} = \frac{2\cdot 8\ \mathrm{m}^2}{(5\ \mathrm{m}+3\ \mathrm{m})} = \frac{16\ \mathrm{m}^2}{8\ \mathrm{m}} = 2\ \mathrm{m}$$

4. Antwortsatz notieren: Die Höhe des Trapezes beträgt 2 m.

Nach diesem Vorgehen können wir alle Größen der geometrischen Formen, die wir kennen gelernt haben, berechnen. Wir müssen dafür nur die Formel aus der Formelsammlung aufschreiben, umformen und ausrechnen.

8.2 Ungleichungen

Ungleichungen lösen

Achtung bei Minus!

Ungleichungen sind von der Struktur genauso aufgebaut wie Gleichungen. Jedoch wird bei der Verbindung der beiden Terme ein anderes Zeichen als das Gleichheitszeichen (=) verwendet. Das Zeichen in der Mitte sagt uns etwas über das Verhältnis beider Terme. Dabei gibt es oft nicht nur eine Lösung, sondern mehrere mögliche Lösungen oder sogar keine Lösung.
Übersicht möglicher Ungleichungen:

Zeichen	**Bedeutung**	**Beispiel**
$<$	kleiner als	$6x < 15$
$>$	größer als	$5 > 3$
$\leq$	kleinergleich (kleiner oder gleich)	$3x \leq 9$
$\geq$	größergleich (größer oder gleich)	$10 \geq 2x$

Schauen wir uns dazu ein **Beispiel** an. Gegeben sei die Ungleichung

$$6x < 15$$

und wir möchten wissen, für welche x-Werte diese Ungleichung erfüllt ist. Die Ungleichung lesen wir folgendermaßen: „$6x$ ist kleiner als 15“.

Um nun die Lösungsmenge (wir sprechen hier von einer Menge, da es mehr als nur eine Lösung gibt bei Ungleichungen) für x zu finden, können wir wie bei den Gleichungen alle uns bekannten Rechenarten anwenden. Allerdings gibt es bei einigen Rechenschritten besondere Regeln, auf die wir im Folgenden noch eingehen werden. In unserem Beispiel teilen wir die Ungleichung auf beiden Seiten durch 6 und erhalten:

$$\begin{aligned} 6x &< 15 \quad |:6 \\ \Leftrightarrow \quad x &< 2{,}5 \end{aligned}$$

Die Ungleichung ist erfüllt, wenn für x Werte eingesetzt werden, die kleiner als 2,5 sind, also alle Werte von 2,499999...abwärts (dazu gehören dann auch alle negativen Zahlen).

Schauen wir uns noch ein **Beispiel** an. Bei der Ungleichung

$$\begin{aligned} 6x &\leq 15 \quad |:6 \\ \Leftrightarrow \quad x &\leq 2{,}5 \end{aligned}$$

bekommen wir ein ähnliches Ergebnis wie bei dem vorherigen Beispiel heraus. Allerdings sind aufgrund des $\leq$-Zeichens nicht nur alle x-Werte möglich, die kleiner als 2,5 sind sondern zusätzlich ist auch $x = 2{,}5$ möglich. Die Ungleichung lesen wir folgendermaßen: „x ist kleiner oder gleich 2,5“.

Achtung bei Multiplikation und Division mit negativen Zahlen

Die Regeln zur Äquivalenzumformung bei Gleichungen gelten auch bei Ungleichungen. Wir müssen aber beim multiplizieren oder dividieren mit einer negativen Zahl aufpassen, denn hier dreht sich das Ungleichungs-Zeichen um!

$$\begin{aligned} \tfrac{-1}{2} &< 4 & &| \cdot (-2) \\ \Leftrightarrow \quad -\tfrac{1}{2}x \cdot (-2) &> 4 \cdot (-2) \\ \Leftrightarrow \quad x &> -8 \end{aligned}$$

$$\begin{aligned} -3x &\geq 12 & &| : (-3) \\ \Leftrightarrow \quad \tfrac{-3x}{-3} &\leq 12 : (-3) \\ \Leftrightarrow \quad x &\leq -4 \end{aligned}$$

Bei der Multiplikation oder Division mit einer negativen Zahl ändert sich das Zeichen: Aus größer wird kleiner und aus größergleich wird kleinergleich und jeweils andersherum.

8.3 Textaufgaben mit Gleichungen berechnen

Wenn wir mit Textaufgaben arbeiten, ist es meistens notwendig, Gleichungen aufzustellen. Dafür müssen wir der Variable eine Einheit zuweisen und die Gleichung dafür aufstellen. Das machen wir uns wieder an einem **Beispiel** klar.

Peter möchte von seinem Taschengeld für 4 Freunde ein Geschenk kaufen. Er hat 63 Euro zur Verfügung, muss aber seinen Eltern noch 15 Euro geben. Wie viel kann er für jedes Geschenk ausgeben, wenn jedes Geschenk gleich viel kosten soll?

weiteres Beispiel

Vorgehen Textaufgaben

1. Lege die Variable fest: *Preis pro Geschenk* x
2. Stelle die Terme auf: $4x + 15$ (Term 1), 63 (Term 2)
3. Schreibe die Gleichung auf: $4x + 15 = 63$
4. Löse die Gleichung nach der Variablen auf:

$$\begin{aligned} 4x + 15 &= 63 & &| - 15 \\ \Leftrightarrow \quad 4x &= 48 & &| : 4 \\ \Leftrightarrow \quad x &= 12 \end{aligned}$$

5. Notiere die Antwort: Peter kann pro Geschenk 12 Euro ausgeben.

8.4 Aufgaben

A.8.1. Löse folgende Gleichungen nach x auf.

a) $25 + x = 4x + 7$

b) $12x + 4 + 3x = 34$

c) $2(2x + 1) = 3$

d) $4x - 7 = 19 + 2$

e) $4x = 3(x + 5)$

f) $7 + 2(3x - 2) = 7(2x - 3)$

g) $17 - 3x = 25x + 3$

h) $47 - 3(5 - 4x) = 4(2 - 3x)$

A.8.2. Löse folgende Ungleichungen nach x auf.

a) $7x < 3x + 16$

b) $2x < 3x + 5$

c) $2(x + 2) > 13$

d) $2x + 20 \leq 7 - 5x - 1$

e) $5(x + 4) > 30 + 3x$

f) $18x - 6x \leq 3(7x - 12)$

A.8.3. Berechne die gesuchte Größe des Parallelogramms.

a) $b = 4\text{ cm}, U = 28\text{ cm}$, gesucht: a

b) $a = 8\text{ cm}, A = 56\text{ cm}^2$, gesucht: h

c) $U = 34\text{ cm}, b = 5\text{ cm}, h = 5\text{ cm}$, gesucht: A

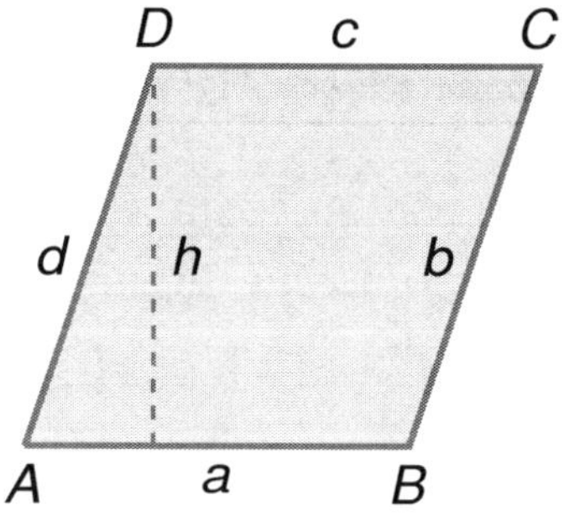

A.8.4. Textaufgaben

a) Bei einer Reifenbestellung zahlt Vater Werner insgesamt 205,95 Euro, inklusive 5,99 Euro Versandkosten. Wie viel kostet ein Reifen, wenn er 4 Reifen bestellt hat?

b) Die Eltern von Leo und seinen beiden Geschwistern haben 150 Euro zur Verfügung. Jeder soll gleich viel Taschengeld bekommen, aber vorher wollen sie sich zu dritt einen Fußball für 60 Euro von dem Geld kaufen. Wie viel Taschengeld bleibt für jeden übrig?

c) Lillis Vater ist doppelt so alt wie sie und zusammen sind sie 63 Jahre alt. Wie alt ist Lilli und wie alt ist ihr Vater?

d) Von einer 580g Wurst werden 17 Scheiben abgeschnitten, es bleiben am Ende 240g übrig. Wie schwer ist jede Scheibe?

9 Daten und Zufall

9.1 Stichprobe

Eine Stichprobe wird verwendet, wenn nur ein Teil der Gesamtheit benutzt wird. Die verwendete Stichprobe steht stellvertretend für die Gesamtheit. Zum Beispiel möchte die Schulleitung wissen, wie lange die Schüler der 8. Klasse pro Tag am Smartphone verbringen. Alle 120 Schüler zu befragen, dauert der Schulleitung zu lange, weshalb nur 32 Leute befragt werden. Aus diesen 32 Leuten kann dann auf alle weiteren Schüler geschlossen werden.

Bei dem Beispiel mit der Umfrage liegt es natürlich auch Nahe einfach alle zu befragen. Das würde im Fall dieser Stufenbefragung auch möglich sein. Aber viele Erhebungen beziehen sich auf große Mengen, wie zum Beispiel die Einwohner Deutschlands oder alle Menschen auf der Welt. Für solche Fälle werden dann Stichproben verwendet, da der Aufwand viel zu groß wäre alle zu befragen.

Stichprobe erheben und verwenden

Schauen wir uns also das **Beispiel** genauer an. Es wurden alle Schüler einer 8. Klasse befragt, wie lange sie täglich am Smartphone verbringen. Die Verteilung wird für weitere statistische Aussagen verwendet.

1. Absolute und relative Häufigkeiten bestimmen:

	< 1h	1h	2h	> 2h
absolute Häufigkeit	6	18	6	2
relative Häufigkeit	0,1875	0,5625	0,1875	0,0625

2. Die Ergebnisse der Stichprobe auf die Gesamtheit anwenden:

   Wie viele Schüler der 8. Klasse verbringen 1 Stunde pro Tag am Smartphone? Da in der Schule 120 Schüler in der 8. Klasse sind lautet die Antwort:

$$120 \cdot 0{,}5625 = 67{,}5$$

   Also 68 Schüler (aufgerundet, da es keine halben Schüler gibt) nutzen das Smartphone 1 Stunde am Tag.

absolute und relative Häufigkeit

von relativer Häufigkeit zur Prozentschreibweise

Die **absolute Häufigkeit** wird umgangssprachlich auch Anzahl genannt. Die Addition aller absoluten Häufigkeiten ergibt die Gesamtzahl der Befragten. In unserem Beispiel gaben 6 Schüler an, dass sie weniger als 1 Stunde vor dem Smartphone hängen. Um jedoch einzuschätzen, ob die Zahl groß ist oder nicht, benötigen wir die relative Häufigkeit.

Die **relative Häufigkeit** bringt die absolute Häufigkeit ins Verhältnis zur Gesamtzahl der Befragten und gibt einen prozentualen Anteil an. Sie wird berechnet durch:

$$\text{relative Häufigkeit} = \frac{\text{absolute Häufigkeit}}{\text{Gesamtzahl}}$$

Relative Häufigkeiten sind immer Dezimalzahlen mit einem Wert zwischen 0 und 1. Die Addition aller relativen Häufigkeiten muss 1 ergeben.

9.2 Wahrscheinlichkeit zusammengesetzter Ereignisse

Basics

Laplace-experiment

Wir verwenden Wahrscheinlichkeiten, um das Eintreten von Ereignissen zu bestimmen. Schauen wir uns dazu als **Beispiel** einen Würfel an.

Ein Würfel hat 6 Seiten mit den Zahlen von 1 bis 6. Wenn wir den Würfel werfen, können wir nicht mit 100%iger Wahrscheinlichkeit sagen, welche Zahl geworfen wird.

Warum? Jede Fläche des Würfels ist gleich groß und der Würfel wird nicht durch z.B. einseitigem Übergewicht beeinflusst. Die Wahrscheinlichkeit eine 2 zu würfeln ist also genauso groß wie eine 6 zu würfeln.

Aber wie bestimme ich die Wahrscheinlichkeit?

Beim Würfel gibt es insgesamt 6 Seiten, dadurch haben wir 6 mögliche Ereignisse. Die Zahl 2 ist ein mögliches Ereignis, wodurch eine Chance von 1 zu 6 besteht, eine 2 zu würfeln. Als Wahrscheinlichkeit wird es folgendermaßen aufgeschrieben:

$$P(2) = \frac{1}{6} = 0{,}1667 = 16{,}67\%$$

Merke: Im Nenner steht die Anzahl der möglichen Ereignisse und im Zähler steht die Anzahl der zutreffenden Ereignisse.

Die Notation $P(2)$ bedeutet: „Die Wahrscheinlichkeit P für das Ereignis eine 2 zu Würfeln“. Die Formulierung für die Wahrscheinlichkeit lautet:

- Die Wahrscheinlichkeit eine 2 zu würfeln ist 1 zu 6 oder
- die Wahrscheinlichkeit eine 2 zu würfeln liegt bei 16, 67%.

Wahrscheinlichkeit bestimmen

Wir greifen wieder das **Beispiel** vom Würfel auf und fragen uns, wie groß die Wahrscheinlichkeit ist, dass eine ungerade Zahl bei einem einmaligen Wurf gewürfelt wird.

Vorgehen: Wahrscheinlichkeit bestimmen

weiteres Beispiel

1. Anzahl aller möglichen Ereignisse bestimmen

   mögliche Ereignisse: 1, 2, 3, 4, 5, 6

   Anzahl aller Ereignisse: 6

2. Anzahl der zutreffenden Ereignisse bestimmen

   zutreffende Ereignisse: 1, 3, 5

   Anzahl aller zutreffenden Ereignisse: 3

3. Wahrscheinlichkeit P berechnen

$$P = \frac{\text{Anzahl zutreffender Ereignisse}}{\text{Anzahl möglicher Ereignisse}} = \frac{3}{6} = 0{,}5 = 50\%$$

9.3 Wahrscheinlichkeit zweistufiger Zufallsversuche

Bisher haben wir den Würfel nur einmal gewürfelt und haben dafür die Wahrscheinlichkeit bestimmt. Was passiert aber, wenn wir den Würfel zweimal hintereinander würfeln? Ändert sich die Wahrscheinlichkeit?

Nehmen wir an, Daniel möchte zweimal hintereinander eine 5 würfeln. Wenn wir also die gesamte Wahrscheinlichkeit berechnen wollen, müssen wir die einzelnen Wahrscheinlichkeiten miteinander multiplizieren.

1. Wahrscheinlichkeit der einzelnen Ereignisse bestimmen:

$$P_1(5) = \frac{1}{6} \quad \text{und} \quad P_2(5) = \frac{1}{6}$$

2. Wahrscheinlichkeiten multiplizieren:

$$\Rightarrow P(\text{zwei 5en}) = P_1(5) \cdot P_2(5) = \frac{1}{6} \cdot \frac{1}{6} = \frac{1}{36} = 0{,}0278 = 2{,}78\%$$

Vorgehen: Wahrscheinlichkeit zweistufige Zufallsversuche

Wie groß ist die Wahrscheinlichkeit bei einem Münzwurf zweimal hintereinander die Zahl zu werfen?

1. Wahrscheinlichkeit der ersten Stufe bestimmen: $P_1(\text{Zahl}) = 1/2$
2. Wahrscheinlichkeit der zweiten Stufe bestimmen: $P_2(\text{Zahl}) = 1/2$
3. gesamte Wahrscheinlichkeit berechnen:

$$P(2 \text{ mal Zahl}) = P_1 \cdot P_2 = \frac{1}{2} \cdot \frac{1}{2} = \frac{1}{4} = 0{,}25 = 25\%$$

9.4 Aufgaben

A.9.1. In der 8. Klasse wurde eine Umfrage durchgeführt zum Thema Schulweg. Die Schüler wurden befragt, wie sie jeden Morgen zur Schule kommen. Folgende Antworten wurden genannt: Mit dem Bus, mit dem Auto (sie werden gebracht), mit dem Fahrrad oder zu Fuß. Ergänze die Tabelle. Hinweis: Insgesamt besuchen 800 Schüler die Schule.

	Bus	Auto	zu Fuß	Fahrrad
absolute Häufigkeit	12	5	7	6
relative Häufigkeit				
mögliche Anzahl in der gesamten Schule				

A.9.2. Erstelle in deiner Klasse eine Statistik über den Besitz eines Handys. Befrage deine Mitschüler, ab wann sie ein eigenes Handy besitzen.

a) Erstelle eine Strichliste mit den Ergebnissen (absolute Häufigkeit).

b) Bestimme die relative Häufigkeit.

c) Kann diese Stichprobe für die Gesamtheit der Schüler deiner Schule verwendet werden? Erkläre.

	< 10	11	12	13	14	15	> 15
absolute Häufigkeit							
relative Häufigkeit							
mögliche Anzahl in der gesamten Schule							

A.9.3. Bei einer Tombola werden Lose verkauft. Dabei scheint die Gewinnchance sehr hoch zu sein. Es gibt insgesamt 1000 Lose, von denen 400 Trostpreise sind und 10 Hauptgewinne. Bestimme die Wahrscheinlichkeit für einen Gewinn $P(G)$ (Trostpreis und Hauptgewinn), die Wahrscheinlichkeit für den Hauptgewinn $P(H)$ und die Wahrscheinlichkeit für einen Trostpreis $P(T)$.

	G (Trostpreis und Hauptgewinn)	H (Hauptgewinn)	T (Trostpreis)
Anzahl möglicher Ergebnisse	1.000		
Anzahl zutreffende Ergebnisse			
Wahrscheinlichkeit			

A.9.4. Ein Glücksrad mit 10 Feldern wird gedreht. Es gibt 5 weiße Flächen, 3 blaue Flächen und 2 rote Flächen.

a) Erstelle ein Baumdiagramm.

b) Beschrifte die Äste des Diagramms.

c) Bestimme die Wahrscheinlichkeiten der folgenden Ereignisse:

   (i) P(nur rote Flächen)

   (ii) P(2 mal die gleiche Farbe)

   (iii) P(eine blaue und eine rote Fläche)

Notizen

A Lösungen

zu A.1.1.

a) $\frac{2}{3} = \frac{2 \cdot 5}{3 \cdot 5} = \frac{10}{15}$ b) $\frac{1}{5} = \frac{5}{25}$ c) $\frac{4}{2} = \frac{20}{10}$ d) $\frac{7}{8} = \frac{35}{40}$

zu A.1.2.

a) $\frac{4}{16} = \frac{4:4}{16:4} = \frac{1}{4}$ b) $\frac{24}{36} = \frac{6}{9}$ c) $\frac{8}{52} = \frac{2}{13}$ d) $\frac{12}{32} = \frac{3}{8}$

zu A.1.3.

a) $\frac{6}{21} = \frac{2}{7}$ b) $\frac{12}{24} = \frac{1}{2}$ c) $\frac{30}{25} = \frac{6}{5}$ d) $\frac{14}{56} = \frac{1}{4}$

zu A.1.4.

a) $\frac{5}{3} = 1\frac{2}{3}$ b) $\frac{11}{5} = 2\frac{1}{5}$ c) $\frac{4}{2} = 2$ d) $\frac{24}{7} = 3\frac{3}{7}$

zu A.1.5.

a) $2\frac{1}{2} = \frac{5}{2}$ b) $3\frac{1}{5} = \frac{16}{5}$ c) $4\frac{2}{5} = \frac{22}{5}$ d) $5\frac{1}{8} = \frac{41}{8}$

zu A.1.6.

a) $\frac{2}{10} = 0{,}2$ b) $\frac{1}{5} = \frac{2}{10} = 0{,}2$ c) $\frac{1}{2} = \frac{5}{10} = 0{,}5$ d) $\frac{7}{25} = \frac{28}{100} = 0{,}28$

zu A.1.7.

a) $\frac{2}{3} + \frac{3}{6} = \frac{4}{6} + \frac{3}{6} = \frac{7}{6}$

b) $\frac{1}{5} + \frac{2}{4} = \frac{14}{20} = \frac{7}{10}$

c) $\frac{1}{2} + \frac{4}{6} = \frac{14}{12} = \frac{7}{6}$

d) $\frac{7}{8} + \frac{5}{12} = \frac{31}{24}$

e) $\frac{5}{6} - \frac{1}{3} = \frac{3}{6} = \frac{1}{2}$

f) $\frac{4}{5} - \frac{2}{4} = \frac{6}{20} = \frac{3}{10}$

g) $\frac{1}{2} - \frac{2}{8} = \frac{2}{8} = \frac{1}{4}$

h) $\frac{7}{8} - \frac{5}{10} = \frac{15}{40} = \frac{3}{8}$

i) $\frac{2}{3} \cdot \frac{3}{6} = \frac{6}{18} = \frac{1}{3}$

j) $\frac{1}{5} \cdot \frac{2}{6} = \frac{2}{30} = \frac{1}{15}$

k) $\frac{1}{2} \cdot \frac{4}{2} = \frac{4}{4} = 1$

l) $\frac{2}{9} \cdot \frac{3}{12} = \frac{6}{108} = \frac{1}{18}$

m) $\frac{2}{3} : \frac{3}{6} = \frac{2}{3} \cdot \frac{6}{3} = \frac{4}{3}$

n) $\frac{1}{5} : \frac{3}{7} = \frac{1}{5} \cdot \frac{7}{3} = \frac{7}{15}$

o) $\frac{1}{2} : \frac{5}{2} = \frac{1}{2} \cdot \frac{2}{5} = \frac{1}{5}$

p) $\frac{2}{9} : \frac{5}{18} = \frac{2}{9} \cdot \frac{18}{5} = \frac{4}{5}$

zu A.1.8.

a) 5 cm = 0,05 m c) 25 cm^2 = 0,0025 m^2 e) 0,06 l = 60 ml

b) 22 mm = 0,022 m d) 3.100 m^3 = 0,0000031 km^3 f) 80 kg = 80.000 g

zu A.2.1.

a) $\frac{2}{100} = 2\%$ b) $\frac{1}{5} = 20\%$ c) $\frac{4}{2} = 200\%$ d) $\frac{7}{8} = 87{,}5\%$

zu A.2.2.

a) $\frac{2}{1000} = 2‰$ b) $\frac{2}{100} = 20‰$ c) $\frac{1}{5} = 200‰$ d) $\frac{9}{125} = 72‰$

zu A.2.3.

a) $p = \frac{30}{240} = 0{,}125 = 12{,}5\%$ b) $W = 300 \cdot 0{,}25 = 75$ Euro c) $G = \frac{15}{0{,}2} = 75$ Euro

zu A.2.4.

a) Wir rechnen: 5kg · 1,15 = 5,75kg.
Antwort: Finn kann sich für 5 Euro genau 5,75kg Äpfel kaufen.

b) Wir rechnen: 25 Euro · 0,8 = 20 Euro. Antwort: Karl zahlt also nur 20 Euro für das Spiel.

zu A.2.5. Wir müssen zunächst die Anteile der jeweiligen Haustiere bestimmen. Dafür teilen wir z.B. 40 (Hunde) durch die Gesamtzahl aller Menschen, die befragt wurden: $40/150 \approx 27\%$ der Befragten haben einen Hund als Haustier. Wir tragen die berechneten Werte anschließend in ein Kreisdiagramm:

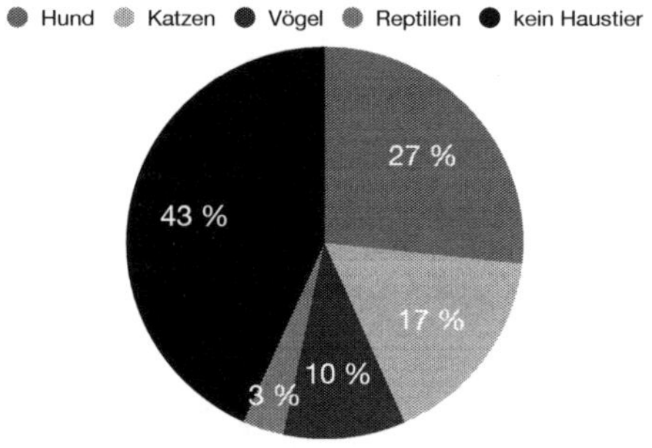

zu A.2.6.

	a)	b)	c)	d)	e)	f)
Kapital K in Euro	2.000	10.000	155.250	354	15.475	4.510
Zinssatz p in %	2	5	7	3	2,5	20
Jahreszinsen Z in Euro	40	500	10.867,5	10,62	368,75	902

zu A.2.7.

a) $Z_T = K \cdot p \cdot \frac{t}{360} = 2.000 \text{ Euro} \cdot 0{,}025 \cdot \frac{150}{360} = 20{,}83$ Euro
Antwort: Die Zinsen betragen nach 150 Tagen 20,28 Euro.

b) $Z_T = 200 \text{ Euro} \cdot 0{,}04 \cdot \frac{150}{360} = 4{,}17$ Euro
Antwort: Nein, er muss noch Taschengeld nachlegen.

zu A.3.1.

a)

Anzahl	Preis (Euro)
5	12,50
1	2,50
8	20,00

b)

Milch (Liter)	Preis (Euro)
1	0,80
2	1,60
5	4,00

c)

Bananen (kg)	Preis (Euro)
3	1,80
1	0,60
7	4,20

zu A.3.2.

a) Busfahrt

Anzahl Schüler	Preis pro Person
30	2,50
1	75
10	7,50

b) Flächeninhalt Rechteck

Länge (cm)	Breite (cm)
20	35
1	700
25	28

c) Autofahrt

Geschwindigkeit (km/h)	Zeit (h)
180	2
1	360
150	2,4

zu A.3.3. In einer Fabrik werden eingelegte Gurken in Gläser abgefüllt. Pro Tag füllen sie 500kg eingelegte Gurken ab. Jedes Glas fasst 250g Gurken, aber aufgrund vieler Kundennachfragen wollen sie die Gläser variieren. Wie viele Gläser füllen sie pro Tag, wenn sie die Füllmenge der Gläser ändern?

kg / Glas	0,25	0,1	0,2	0,5	1	2
Anzahl	$\frac{500}{0,25} = 2.000$	$\frac{500}{0,1} = 5.000$	$\frac{500}{0,2} = 2.500$	$\frac{500}{0,5} = 1.000$	$\frac{500}{1} = 500$	$\frac{500}{2} = 250$

Das zugehörige Schaubild können wir wie folgt anfertigen:

zu A.3.4.

a) Proportional

Stecke (km)	Benzin (l)
600	42
1	0,07
100	7

b) Antiproportional

Maler	Tage
5	3
1	15
4	3,75
15	1

c) Proportional

Bananen (kg)	Preis (Euro)
25	45
1	1,8
16	28,8

zu A.4.1. $\alpha \approx 35°$

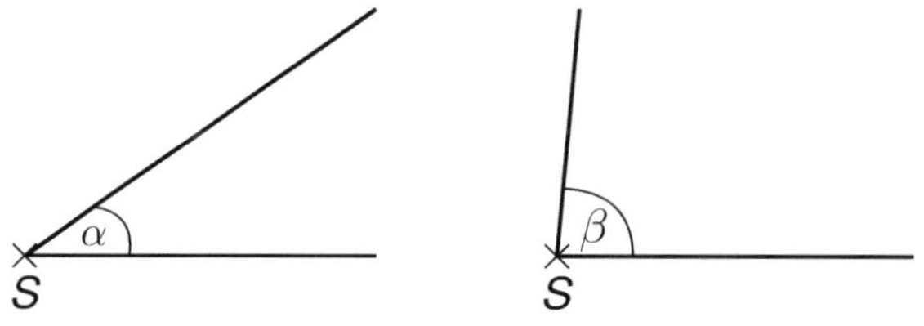

zu A.4.2. a) und b)

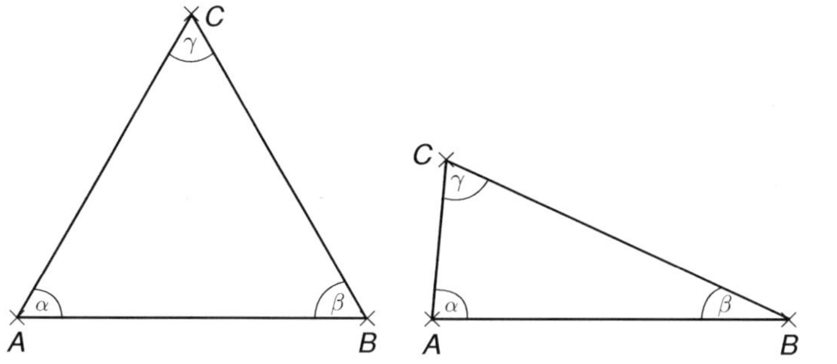

c) Ein stumpfer Winkel geht von 90° bis 180°.

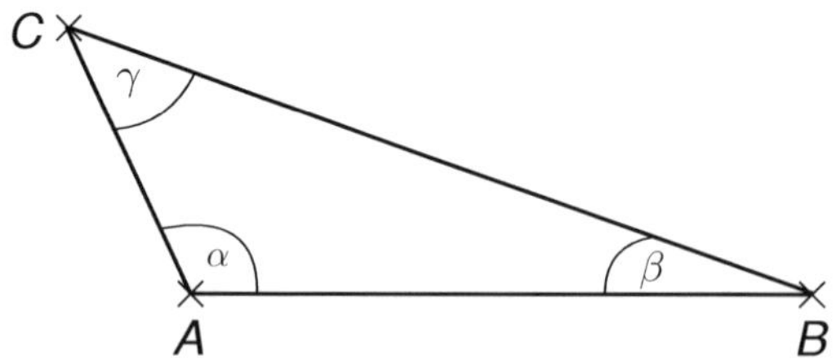

zu A.4.3.

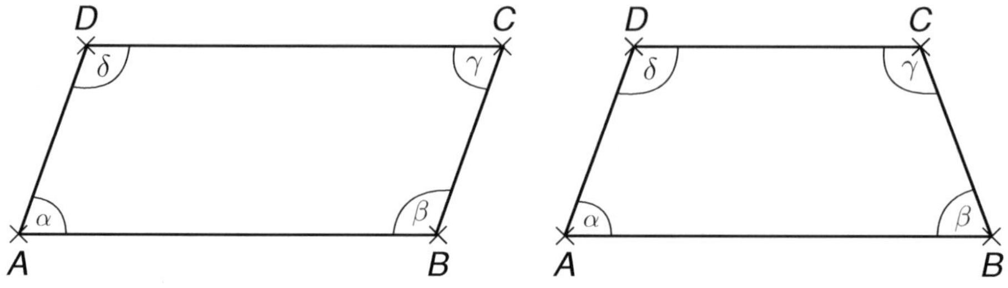

zu A.4.4.

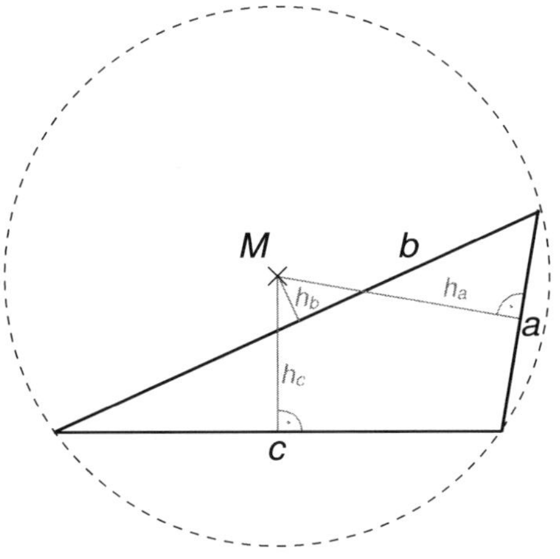

zu A.4.5.

a) $A_{ges.} = A_1 + A_2 + A_3 + A_4 = 3 \cdot 4 + \frac{1}{2} \cdot 3 \cdot 4 + 6 \cdot 3 + 8 \cdot 3 = 60$ [FE]

b) Zunächst teilen wir die zusammengesetzte Fläche in uns bekannte Flächen ein und berechnen anschließend die einzelnen Teilflächen. Danach addieren wir alle Teilflächen und erhalten die gesuchte Fläche.

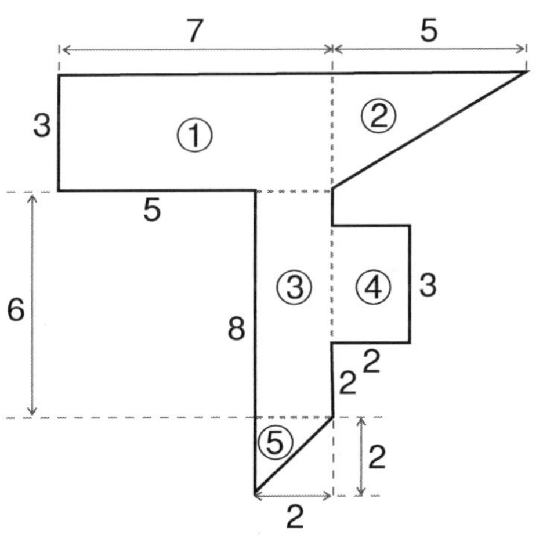

$$
\begin{aligned}
A_{ges.} &= A_1 + A_2 + A_3 + A_4 + A_5 \\
&= 7 \cdot 3 + \frac{1}{2} \cdot 5 \cdot 3 + 6 \cdot 2 + 2 \cdot 3 + \frac{1}{2} \cdot 2 \cdot 2 \\
&= 48{,}5 \text{ [FE]}
\end{aligned}
$$

zu A.4.6.

a) Da die Seitenkanten gleich lang sind und der Winkel $\alpha = 90°$ beträgt, liegt ein Prisma mit quadratischer Grundfläche vor.

$$
\begin{aligned}
V &= G \cdot h = a \cdot b \cdot c = 4 \cdot 4 \cdot 4 = 64 \text{ cm}^3 \\
O &= 2 \cdot G + M = 2 \cdot a \cdot b + 4 \cdot b \cdot c \\
&= 2 \cdot 4 \cdot 4 + 4 \cdot 4 \cdot 4 = 96 \text{ cm}^2
\end{aligned}
$$

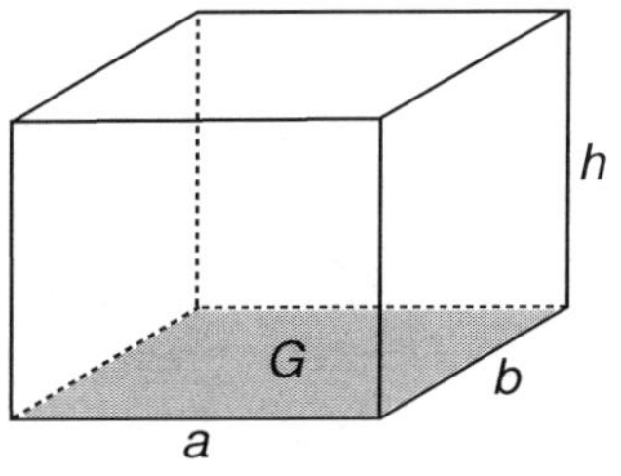

b) Es liegt ein Prisma mit einem Parallelogramm als Grundfläche vor. Daraus folgt:

$$V = G \cdot h = a \cdot h_{\text{Grundfläche}} \cdot c = 5 \cdot 1{,}73 \cdot 3 = 25{,}95 \text{ cm}^3$$

Die Oberfläche ist hier etwas schwieriger zu bestimmen. Die Grundfläche ist einfach, aber für den Mantel tricksen wir etwas und bestimmen den Umfang $u = 2a + 2b = 14$ cm der Grundfläche und multiplizieren den Umfang mit der Höhe des Prismas (wie beim Zylinder):

$$O = 2 \cdot G + M = 2 \cdot a \cdot h_{\text{Grundfläche}} + u \cdot c = 2 \cdot 8{,}65 + 14 \cdot 3 = 59{,}3 \text{ cm}^2$$

zu A.5.1.

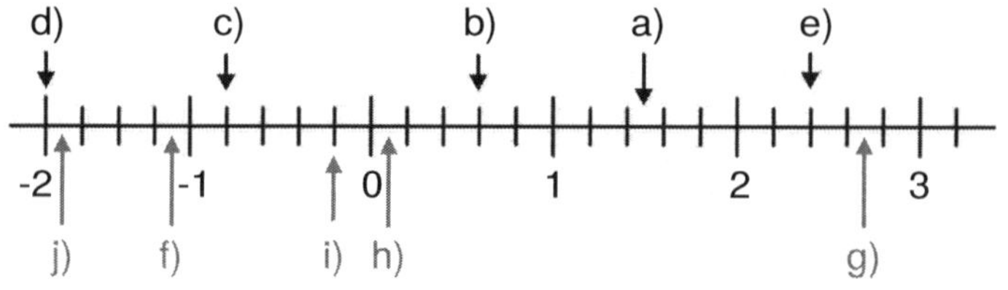

a) $1{,}5 = \frac{3}{2}$

b) $0{,}6 = \frac{6}{10} = \frac{3}{5}$

c) $-0{,}8 = -\frac{8}{10} = -\frac{4}{5}$

d) $2 = \frac{4}{2}$

e) $2{,}2 = \frac{22}{10} = \frac{11}{5}$

f) $-1{,}2$

g) $2{,}7$

h) $0{,}1$

i) $-0{,}2$

j) $-1{,}9$

zu A.5.2.

a) $|-4| = 4$

b) $|3| = 3$

c) $|-11| = 11$

d) $|-23{,}7| = 23{,}7$

e) $|17{,}125| = 17{,}125$

f) $|-38{,}23| = 38{,}23$

g) $|-43{,}34| = 43{,}34$

h) $|-99{,}19| = 99{,}19$

zu A.5.3.

a) $8 - |-4| = 8 - 4 = 4$

b) $|2| - 1 = 1$

c) $5 - |-10| = 5 - 10 = -5$

d) $7 + |-23| = 7 + 23 = 30$

e) $5 - (-3) = 5 + 3 = 8$

f) $7 + (-3) - 1 = 7 - 3 - 1 = 3$

g) $-10 - (-5) - 2 = -10 + 5 - 2 = -7$

h) $2 + 2 - (-2) + (+2) - 2 = 2 + 2 + 2 + 2 - 2 = 6$

zu A.6.1.

a) $3y + 5$

- $y = 4 \rightarrow 3 \cdot 4 + 5 = 17$
- $y = 3 \rightarrow 14$
- $y = 2{,}5 \rightarrow 12{,}5$
- $y = 1 \rightarrow 8$

b) $(y + 3)^2$

- $y = 3 \rightarrow 36$
- $y = 10 \rightarrow 169$
- $y = 2{,}5 \rightarrow 30{,}25$
- $y = 1 \rightarrow 16$

zu A.6.2.

a) 5 [Euro] + 0,5 [Euro/km] · x [km]

b) • $x = 5\text{km} \rightarrow 7{,}50$ Euro • $x = 10\text{km} \rightarrow 10{,}00$ Euro • $x = 17\text{km} \rightarrow 13{,}50$ Euro

zu A.6.3.

a) $a + b + c + b + a = 2a + 2b + c$

b) $2a - a + b = a + b$

c) $a \cdot (a - 2b + c) - a \cdot c + b \cdot b = a^2 - 2ab + b^2$

d) $2 \cdot (3 + a) - a \cdot b = 6 + 2a - ab$

e) $(3 + x) \cdot (2 - y) = 6 - 3y + 2x - xy$

f) $x \cdot y \cdot x \cdot 2 + yx^2 = 3x^2y$

zu A.6.4.

a) $9 + 6a + a^2 = (3 + a)^2$ (1. binomische Formel)

b) $a \cdot (a - 2b + c) - ac + b \cdot b = a^2 - 2ab + b^2 = (a - b)^2$ (2. binomische Formel)

c) $30 - 18x + x \cdot x + 51 = 81 - 18x + x^2 = (9 - x)^2 = (x - 9)^2$ (2. binomische Formel)

d) $(11x - 2) \cdot (4 + 11x - 2) = (11x - 2) \cdot (11x + 2) = 121x^2 - 4$ (3. binomische Formel)

zu A.7.1. Die Funktion zum Graphen lautet $y = f(x) = 0{,}45x$ (proportional).

Milch (Liter)	1	2	3	4	5	6	10	15
Kosten (Euro)	0,45	0,90	1,35	1,80	2,25	2,70	4,50	6,75

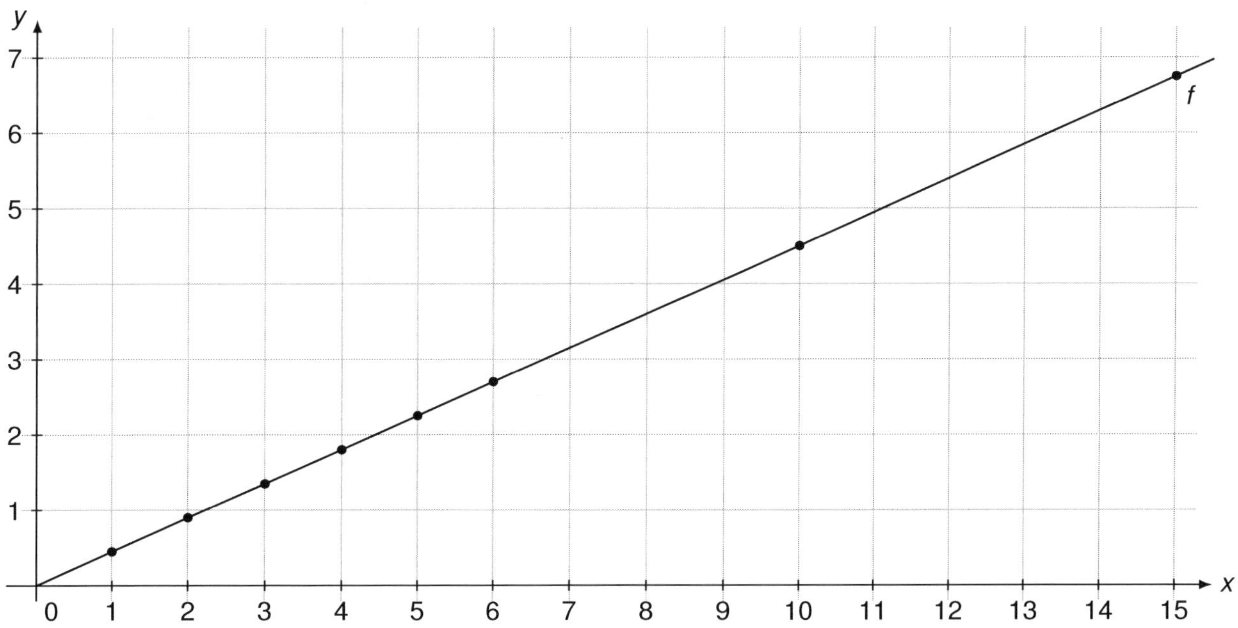

zu A.7.2. Wir benötigen zwei Punkte, um den Graphen zeichnen zu können. Der erste Punkt ist der y-Achsenabschnitt: $P_1(0|5)$. Für den zweiten Punkt setzen wir $x = 1$ in die Funktionsgleichung ein und erhalten über $y = 0{,}5 \cdot 1 + 5 = 5{,}5$ den Punkt $P_2(1|5{,}5)$. Geodreick oder Lineal dranhalten und schon haben wir den gesuchten Graphen:

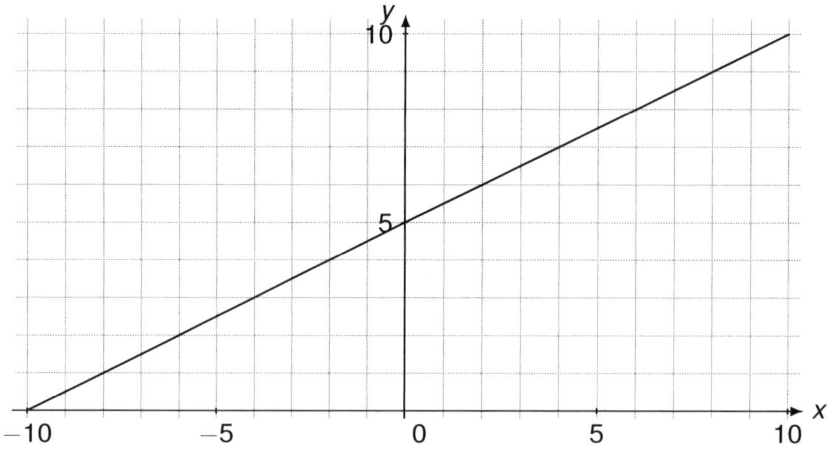

zu A.7.3.

a) $f(x) = 2x + 3$ b) $g(x) = 0{,}1x + 3$ c) $h(x) = 0{,}5x$ (prop. Fkt.)

zu A.8.1.

a)
$$\begin{aligned} 25 + x &= 4x + 7 \quad | -x - 7 \\ \Leftrightarrow\ 18 &= 3x \quad | : 3 \\ \Leftrightarrow\ 6 &= x \end{aligned}$$

e)
$$\begin{aligned} 4x &= 3(x + 5) \\ \Leftrightarrow\ 4x &= 3x + 15 \quad | -3x \\ \Leftrightarrow\ x &= 15 \end{aligned}$$

b)
$$\begin{aligned} 12x + 4 + 3x &= 34 \quad | -4 \\ \Leftrightarrow\ 15x &= 30 \quad | : 15 \\ \Leftrightarrow\ x &= 2 \end{aligned}$$

f)
$$\begin{aligned} 7 + 2(3x - 2) &= 7(2x - 3) \\ \Leftrightarrow\ 7 + 6x - 4 &= 14x - 21 \quad | +21 - 6x \\ \Leftrightarrow\ 24 &= 8x \quad | : 8 \\ \Leftrightarrow\ 3 &= x \end{aligned}$$

c)
$$\begin{aligned} 2(2x + 1) &= 3 \\ \Leftrightarrow\ 4x + 2 &= 3 \quad | -2 \\ \Leftrightarrow\ 4x &= 1 \quad | : 4 \\ \Leftrightarrow\ x &= \tfrac{1}{4} \end{aligned}$$

g)
$$\begin{aligned} 17 - 3x &= 25x + 3 \quad | +3x - 3 \\ \Leftrightarrow\ 14 &= 28x \quad | : 28 \\ \Leftrightarrow\ 0{,}5 &= x \end{aligned}$$

d)
$$\begin{aligned} 4x - 7 &= 19 + 2 \\ \Leftrightarrow\ 4x - 7 &= 21 \quad | +7 \\ \Leftrightarrow\ 4x &= 28 \quad | : 4 \\ \Leftrightarrow\ x &= 7 \end{aligned}$$

h)
$$\begin{aligned} 47 - 3(5 - 4x) &= 4(2 - 3x) \\ \Leftrightarrow\ 47 - 15 + 12x &= 8 - 12x \\ \Leftrightarrow\ 32 + 12x &= 8 - 12x \quad | +12x - 32 \\ \Leftrightarrow\ 24x &= -24 \quad | : 24 \\ \Leftrightarrow\ x &= -1 \end{aligned}$$

zu A.8.2.

a)
$$\begin{aligned} & 7x < 3x+16 \quad | -3x \\ \Leftrightarrow\ & 4x < 16 \quad |:4 \\ \Leftrightarrow\ & x < 4 \end{aligned}$$

b)
$$\begin{aligned} & 2x < 3x+5 \quad | -3x \\ \Leftrightarrow\ & -x < 5 \quad | \cdot (-1) \\ \Leftrightarrow\ & x > -5 \end{aligned}$$

c)
$$\begin{aligned} & 2(x+2) > 13 \\ \Leftrightarrow\ & 2x+4 > 13 \quad | -4 \\ \Leftrightarrow\ & 2x > 9 \quad |:2 \\ \Leftrightarrow\ & x > 4{,}5 \end{aligned}$$

d)
$$\begin{aligned} & 2x+20 \leq 7-5x-1 \quad | +5x-20 \\ \Leftrightarrow\ & 7x \leq -14 \quad |:7 \\ \Leftrightarrow\ & x \leq -2 \end{aligned}$$

e)
$$\begin{aligned} & 5(x+4) > 30+3x \\ \Leftrightarrow\ & 5x+20 > 30+3x \quad | -3x-20 \\ \Leftrightarrow\ & 2x > 10 \quad |:2 \\ \Leftrightarrow\ & x > 5 \end{aligned}$$

f)
$$\begin{aligned} & 18x-6x \leq 3(7x-12) \\ \Leftrightarrow\ & 12x \leq 21x-36 \quad | -12x+36 \\ \Leftrightarrow\ & 36 \leq 9x \quad |:9 \\ \Leftrightarrow\ & 4 \leq x \end{aligned}$$

zu A.8.3. Wir benötigen zur Bearbeitung der Aufgaben die Formel für den Umfang ($U = a+b+c+d$) und für den Flächeninhalt ($A = a \cdot h$) von Parallelogrammen. Durch Umstellen dieser Formeln können wir dann jeweils die gesuchte Größe bestimmen.

a) Mit $a = c$ und $b = d$ folgt für den Umfang $U = 2a + 2b$. Die Seite a beträgt demnach:

$$U = 2a + 2b \Leftrightarrow a = \frac{U - 2b}{2} = \frac{28\text{ cm} - 2 \cdot 4\text{ cm}}{2} = \frac{20\text{ cm}}{2} = 10\text{ cm}$$

b) Umstellen der Formel für den Flächeninhalt nach der gesuchten Größe h und einsetzen der gegebenen Größen ergibt:

$$A = a \cdot h \Leftrightarrow h = \frac{A}{a} = \frac{56\text{ cm}^2}{8\text{ cm}} = 7\text{ cm}$$

c) Zunächst berechnen wir die fehlende Seite a:

$$U = 2a + 2b \Leftrightarrow a = \frac{U - 2b}{2} = \frac{34\text{ cm} - 2 \cdot 5\text{ cm}}{2} = \frac{24\text{ cm}}{2} = 12\text{ cm}$$

Anschließend setzen wir a und h in die Formel für den Flächeninhalt ein:

$$A = a \cdot h = 12\text{ cm} \cdot 5\text{ cm} = 60\text{ cm}^2$$

zu A.8.4.

a) Insgesamt zahlt Vater Werner für 4 Reifen 205,95 Euro − 5,99 Euro = 199,96 Euro = $4x$. Da wir den Preis pro Reifen bestimmen möchten, haben wir die Versandkosten rausgerechnet. Damit hat er pro Reifen $x = \frac{205{,}95\text{ Euro} - 5{,}99\text{ Euro}}{4} = 49{,}99$ Euro gezahlt.

b) Nach dem Kauf des Fußballs sind noch 150 Euro − 60 Euro = 90 Euro übrig. Das Geld wird jetzt gleichmäßig auf die 3 Geschwister aufgeteilt und jedes Kind bekommt $3x = 90\text{Euro} \Leftrightarrow x = 30$ Euro Taschengeld.

c) Lilli sei x und ihr Vater sei $y = 2x$ (da doppelt so alt wie Lilli). Wir können damit folgende Gleichung aufstellen und nach der gesuchten Größe umstellen:

$$x + \underbrace{y}_{=2x} = 63 \Leftrightarrow 3x = 63 \Leftrightarrow x = 21$$

Antwort: Lilli ist 21 Jahre alt und ihr Vater 42 Jahre alt.

d) Wir fragen uns, wie viel Gramm eine Scheiben Wurst (x) wiegt. Daher ziehen wir von der gesamten Wurst die übrige Wurst ab und teilen durch die Anzahl der Scheiben:

$$580\text{g} - 240\text{g} = 17x \Leftrightarrow \frac{340\text{g}}{17} = x \Leftrightarrow x = 20\text{g}$$

Antwort: Eine Scheibe Wurst wiegt 20g.

zu A.9.1. Insgesamt wurden 12 + 5 + 7 + 6 = 30 Schüler befragt. Daraus folgt:

	Bus	Auto	zu Fuß	Fahrrad
absolute Häufigkeit	12	5	7	6
relative Häufigkeit	$\frac{12}{30} = 0{,}4$	$\frac{5}{30} = 0{,}167$	$\frac{7}{30} = 0{,}233$	$\frac{6}{30} = 0{,}2$
mögliche Anzahl in der gesamten Schule	$0{,}4 \cdot 800 = 320$	$0{,}167 \cdot 800 = 133$	$0{,}2333 \cdot 800 = 187$	$0{,}2 \cdot 800 = 160$

zu A.9.2. a) und b)

Hinweis: Die angegebene Lösung ist nur eine Musterlösung, denn jede Befragung kann unterschiedlich ausfallen. Die Ergebnisse sind ausgedacht, es wird angenommen, dass insgesamt 30 Schüler in der Klasse und 500 Schüler in der gesamten Schule sind.

	< 10	11	12	13	14	15	> 15
absolute Häufigkeit	1	3	8	10	6	0	2
relative Häufigkeit	0,033	0,1	0,267	0,333	0,2	0	0,067
mögliche Anzahl in der gesamten Schule	17	50	133	167	100	0	33

c) Um die Aussagefähigkeit der Umfrage über den Besitz von Handys an der gesamten Schule treffen zu können, sollte eine Stichprobe aus unterschiedlichen Jahrgängen genommen werden.

zu A.9.3.

	G (Trostpreis und Hauptgewinn)	H (Hauptgewinn)	T (Trostpreis)
Anzahl möglicher Ergebnisse	1.000	1.000	1.000
Anzahl zutreffende Ergebnisse	410	10	400
Wahrscheinlichkeit	$P(G) = \frac{410}{1000} = 0{,}41$	$P(H) = \frac{10}{1000} = 0{,}01$	$P(T) = \frac{400}{1000} = 0{,}4$

zu A.9.4. a) und b)

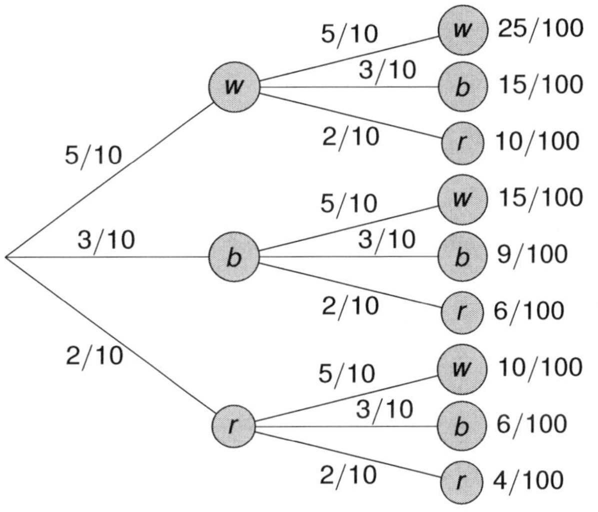

c) (i) $P(\text{nur rote Flächen}) = P(r,r) = \frac{4}{100} = 0{,}04 = 4\%$

(ii) $P(\text{2 mal die gleiche Farbe}) = P(w,w) + P(b,b) + P(r,r) = \frac{25}{100} + \frac{9}{100} + \frac{4}{100} = 0{,}38 = 38\%$

(iii) $P(\text{eine blaue und eine rote Fläche}) = P(b,r) + P(r,b) = \frac{6}{100} + \frac{6}{100} = 0{,}12 = 12\%$

Lernen selbstständig zu lernen

Du sitzt an deinen Mathematik Hausaufgaben oder bereitest dich auf eine Klassenarbeit vor und kommst einfach nicht weiter? Vielleicht habt ihr das Thema gerade erst in der Schule angefangen und du bist so schnell nicht mitgekommen?

Deutschlands erfolgreichste Mathe Online-Tutoren Daniel Jung und Andreas Schneider stehen dir rund um die Uhr mit passenden Erklärungen zur Seite.
Und das absolut kostenlos!

#letsrockmathe by 

Daniel Jung ist Deutschlands erfolgreichster Mathe YouTuber und stellt dir kostenlos über 2.200 Erklärvideos auf YouTube zur Verfügung. Nutze seinen Kanal und du wirst nie wieder an Mathe verzweifeln.
Ergänzend dazu gibt es Daniel Jungs Lernhefte für jede Klassenstufe, das Abitur und das Studium.

Andreas Schneider – Autor von Mathebibel.de

Mathebibel.de ist dein kostenloses Online-Lehrbuch! Hier findest du ausführliche Erklärungen und passende Aufgaben zu fast allen mathematischen Themen einfach und anschaulich erklärt.

Die interaktiven, themenbasierten Mathebibel Trainingshefte bieten dir allerhand Aufgaben und ausführliche Musterlösungen auf mathebibel.de.